JN114648

1　オオカマキリの一斉ふ化

2　オオカマキリの産卵

3　オオカマキリの金網（人工物）への産卵

4　オオカマキリの体色（緑色型♀と褐色型♂）

5　オオカマキリのススキへの産卵

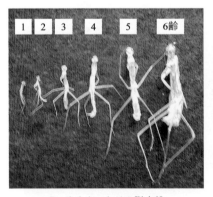

6　オオカマキリの脱皮殻

7　オオカマキリの日向ぼっこ

8　青森市大釈迦で1日に採集したオオカマキリの卵包（646個）

9　冬期のオオカマキリの卵包保存

10　ハラビロカマキリ

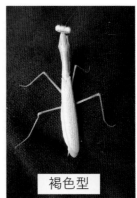

褐色型

緑色型

11　ウスバカマキリ

12　コカマキリ2型

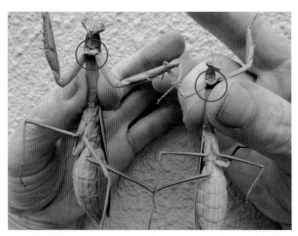

13　オオカマキリ（左）とチョウセンカマキリ（右）の区別点
（チョウセンカマキリの前脚（カマ）の付け根はオレンジ色をしている）

SCIENCE WATCH

カマキリに学ぶ

安藤喜一（弘前大学名誉教授）

北隆館

SCIENCE WATCH:
What do we learn from praying mantises?

Written by

Dr. YOSHIKAZU ANDO

Professor Emeritus, Hirosaki University

© THE HOKURYUKAN CO., LTD. TOKYO, JAPAN 2021

はじめに

　私は 2004 年 3 月 31 日に、弘前大学生命科学部の昆虫学教室を 65 才で定年退職した。国立大学が独立行政法人になる前日だった。岩手大学の学生時代から昆虫の研究に携わり、農林省園芸試験場（現農研機構カンキツ研究興津拠点）、岩手大学、弘前大学と職場が変わったが、退職するまでにオオニジュウヤホシテントウ、ヤノネカイガラムシ、ウリハムシモドキ、キリギリス、トノサマバッタ、チシマヒナバッタ、コバネイナゴなどを研究材料として飼育し、昆虫の休眠や生活史の生理・生態について研究してきた。

　退職後も仕事であって、同時に趣味でもあった昆虫学の研究を続けるために、青森県弘前市の自宅の裏庭に 4.5 畳のプレハブの昆虫飼育室を建てた。断熱材を多く使用した北国仕様で、内部の温度をエアコンで大まかに調節し、さらに飼育温度を正確に設定するために、日本医化製の大型恒温器（NK system）を 2 台設置した。その他、箱に蛍光灯を入れてタイムスイッチで 1 日の明期と暗期の時間を調節するための光周箱を 3 台用意した。

　日本のような温帯に生息する大部分の昆虫は、活動に不適な冬を迎える前に、卵、幼虫、蛹、成虫のいずれか決まったステージで休眠に入る。一旦休眠すると発育適温下に置かれても発育は止まったままになる。大部分の昆虫は春～秋に活動し、冬の前に活動を停止して休眠する。それらの昆虫は休眠しないと冬の寒さに耐えられない。しかし、休眠しなくても寒さに耐えられる昆虫がわずかながら存在する。それらの昆虫は冬が近づいても発育可能な暖かい条件が持続する間は発育し、発育限界温度以下になれば発育を停止する。休眠があるか否かを知るには冬に至る前の 11～12 月ごろに、調べたい昆虫を発育適温の 25 度に置いても発育しなければ休眠あり、逆に発育が進めば休眠なしと判定できる。自然界では休眠に入った昆虫は耐寒性が強くなる。そして、冬の寒さに遭遇することで徐々に休眠が浅くなり、春になると気温の上昇とともに発育を開始する。植物の種子や樹木の冬芽が、休眠することで冬の寒さを乗り越えるのと同様である。

昆虫飼育室

しかし、休眠がないのに首尾よく越冬できる昆虫もいる。

　私は昆虫の季節適応、特に休眠と越冬生態に関心があった。上述のような方法でオンブバッタやチシマヒナバッタは土の中に産んだ卵で越冬するが、休眠しない昆虫であることを自分で確かめた。12月に野外条件から25度に移すと、すぐに発育を再開してふ化してくるのだ。他に、オオカマキリ卵にも休眠がないと聞いていたので、確かめてみることにした。2004年の秋に弘前周辺で成虫や卵包を採集し、実験を開始した。卵包を産卵日から25度に置くといつもほぼ36日でふ化したので、オオカマキリの卵に休眠がないことが明らかになった。休眠がないのにどうして冬の低温には耐えられるのか不思議に思い、その実態を解明しようと考えた。

　カマキリの卵を包む巣を何と呼ぶか？　一般に用いられているのが卵囊（らんのう）（egg case）である（酒井, 1994; 岩崎, 1996）。またバッタやイナゴが土中に産んだ卵の塊と同じ卵鞘（らんしょう）（egg pod）をカマキリ類にも用いる人もいる（山崎, 1996; 岡田, 2001）。私は卵包（らんほう）（ootheca）を用いている（安藤, 2008; 田口, 2011）。囊は常用漢字ではなく、卵鞘は『広辞苑』に載っていない。カマキリとゴキブリの卵の入っているものを英語ではオオセカ（ootheca、複数形 oothecae）と呼び、egg case や egg pod と区別している。『新応用昆虫学』（三訂版、朝倉書店 1996）で、昆虫の分類の項を執筆された九州大学名誉教授の平嶋義宏先生はカマキリ目の卵は「卵包内に産まれる」と表現された。

　カマキリ（鎌切）は胸部にある前脚、中脚及び後脚の3対、計6本の脚のうち前脚が獲物を捕らえるためのカマになっている。前脚の腿節と頸節の内側にたくさんのトゲが生えており、捕らえられた獲物は逃げられない。カマキリはカマを持ったキリギリスの意味だろう。過去の文献を調べてみると、カマキリは実に魅力的な昆虫であると思えた。カマキリ伝説も多い。例えば、田舎で道に迷った子供がカマキリに聞けば、手を伸ばして正しい方向を示してくれる。そして間違うことはほとんどないと言う。また、ウスバカマキリの卵包を2つに割って、そのしぼり汁を「しもやけ」の患部にすり込むと完治するという。2009年2月18日、上越新幹線の群馬県上毛高原駅の近くでカマキリの卵包を採集していたところ、当地の住民に薬にするために採集しているのかと聞かれた。また、「蟷螂の斧」は力のない者が自分の実力を顧みずに、強い者に立ち向かう例えで「無駄な抵抗」を意味する。蟷螂の斧は中国の故事を記した『韓誌外伝』の中にあり、斉の君主であった荘公が、馬車の車輪にきりかかるカマキリを見て、馬車の進路を変えさせたという故事にちなんで、強大な相手に勇気をもって立ち向かうことをも意味する。カマキリは前に進むだけで引き下がることを知らないため、荘公は馬車を迂回させ、カマキリを避けて通ったと伝えられている。また、日本で見つかった古墳時代の銅鐸にカマキリの絵が描かれたものがある。

　カマキリを「拝み虫」とか「祈り虫」ともいう。私の故郷の山形県では、「エベムス」という。虫のことを「ムシ」とはいわず「ムス」という。エビに似た虫ともとれるが、山形弁では「エビ」を「エベ」とは言わないので、「エベムス」は「えべすムシ」の意味で、カマキリは害虫を捕食する天敵なので、豊作を呼ぶ有難い虫の意味だと思われる。ちなみに、山形県の方言では、七福神の一人「えびす様」は「えべす様」という。

　ファーブルの『昆虫記』に記されているように、カマキリは肉食性で交尾の際に♀が♂を食べる性的共食いが起こり、飼育が難しく、身近な昆虫でありながら意外に研究が進んでいないことがわかった。カマキリを意味する英語のマンテス（mantis）はギリシャ語起源で「予言者」「占い師」の意味だそうだ。私は退職まで40年以上にわたって多くの昆虫を実験室で飼育

してきた経験から、肉食性のカマキリでも累代飼育できる自信があった。

　昆虫の多くはひそかに目立たない様に生きているが、カマキリは昆虫の中では小さなグループなのに、圧倒的に強烈な存在感を示している。カマキリの前肢であるカマは、歩行に使うと同時に餌を捕獲するための強力な武器になり、カマキリは最強の昆虫として、わがもの顔で自然界に君臨している。強くて動じない。逃げることはめったになく、カマを振り上げ、翅を持ち上げて自分よりも大きな相手を威嚇する。カマキリは昆虫の中で一番怖く、嫌いな昆虫だと言う人もいるが、私にとってカマキリは他の種にはない強い個性を持った最も興味深い昆虫である。交尾の時以外は単独で行動する孤独な存在でありながら、共食いも含め捕獲できるものは何でも食べてしまう。カマキリの分布、生活史について野外調査と飼育実験をとおしてカマキリの魅力にせまってみたい。飼育が難しいと伝えられているからこそ累代飼育に挑戦してみたい。退職後なので大学のような充実した実験設備はないが、研究に使える時間は有り余るほどある。だから、生き物のことを知る最良の方法である野外観察と飼育に十分な時間をかけることができる。

　そこで、カマキリの起源、食性、交尾、性的共食い等について、自分の目で観察して研究を始めることにした。また、全国津々浦々まで真実として知れ渡っているカマキリが高い所に産卵すると、大雪になるという「カマキリの雪予想」の真偽についても検証することにした。カマキリがどんな昆虫であるかをフィールドワークと飼育実験を通して、カマキリに教えてもらうことに、つまりカマキリに学ぼうと考えた。その結果、私はカマキリが実に興味深い昆虫であることを知り、多くの人にそれを知ってほしいと思うようになった。2004年から2020年までの17年間のカマキリ研究の成果をまとめたのが本書である。

2021年3月

安藤喜一

目　次

I カマキリはどんな昆虫

1　カマキリのルーツ

　昆虫の形態的特徴は、6本足で、ムシは"6肢"である。また、体は頭部、胸部及び腹部に分かれている。地球上で名前のついている生物約190万種のうち、昆虫だけで100万種ほどあり、更に毎年数千種の新種が発見され続けている。昆虫は地球上で一番繁栄しており、全生物の過半数を占めている。地球はまさに昆虫の天国である。三葉虫、エビ、カニ、クモなどを含む節足動物門の一つである昆虫綱の中には、4億年前に出現したとされるトビムシのように、翅のない無翅亜綱と、その後に出現した翅のあるトンボ、バッタ、ゴキブリなどが属する有翅亜綱とがある。有翅亜綱は蛹のステージの有無によって卵→幼虫→成虫と変態する不完全変態と、卵→幼虫→蛹→成虫なる完全変態とに大別される。不完全変態のトンボの幼虫ヤゴは水中に棲み、陸上に上がって成虫になり、水辺に産卵する。セミは幼虫期を土中で過ごし、樹木の根から栄養を取り、老熟すると地上に這い上がり成虫になる。このようにトンボやセミは幼虫期と成虫期の棲み場所の変化にともなって形態も大きく変化する。

　一方、同じ不完全変態でもカマキリは、幼虫期と成虫期との棲み場所が基本的には変わらないので、ふ化幼虫から成虫まで体サイズは大きくなるが形態はそれほど変わらない。ただし、成虫になると翅が生えて飛ぶことができる。現在、地球上で種数が多く大繁栄している昆虫は、甲虫、ハチ、チョウ、ハエなどのように蛹の時期を有する完全変態類の仲間である。カマキリ目は3億年ほど前の石炭紀に生息していた原ゴキブリ目から進化した昆虫であり、ゴキブリからカマキリへ、逆にカマキリからゴキブリへと進化したわけではなく、両目の共通の祖先からゴキブリとカマキリとが進化したと考えられている。花を咲かせる被子植物が出現する以前の中生代から地球上に生息していた古い昆虫と言われれている。

　白亜紀後期で地球の歴史上最も気温が高かったと考えられる時代に形

成された地層の琥珀の中からカマキリの化石が発見されている。カマキリとゴキブリとは形態的に似ていないと思われがちだが、翅脈の走り方や内部形態、卵包の中に卵を産み込む点など共通点が多い。ともに他の昆虫よりも高い温度を好む傾向が強い。一方、カマキリは主に昼に活動する昼行性に、ゴキブリは夜に活動する夜行性になった。また、カマキリは生きた昆虫等を食べる肉食性に、ゴキブリは雑食性になった。カマキリとゴキブリの1齢幼虫は垂直なガラス面をなんの苦もなく上下に移動できる。ところが成虫になるとゴキブリはガラス面を移動できるが、カマキリはそれができにくくなる。それら食性や行動の違いから、カマキリは自然の多く残る地方の昆虫、ゴキブリは地方にも生息するがどちらかと言えば都会に生活圏を広げた昆虫と言えるかもしれない。

2　日本に分布するカマキリ

　カマキリ目とゴキブリ目は、1960年頃まではバッタ、イナゴなどと同じバッタ目に含めていたが、現在はそれぞれ独立した目として扱われている。日本に分布するカマキリは10種あまりである（表Ⅰ-1、口絵Ⅳも

表Ⅰ-1　日本に生息するカマキリ

種名	学名	分布	主な生息地
オオカマキリ	*Tenodera sinensis*	北海道(札幌)〜屋久島	草地
チョウセンカマキリ	*Tenodera angustipennis*	岩手・秋田〜沖縄	草地
オキナワオオカマキリ	*Tenodera fasciata*	沖縄	草地
ハラビロカマキリ	*Hierodula patellifera*	関東・北陸〜沖縄	樹木
ムネアカハラビロカマキリ	*Hierodula* sp.	関東・北陸〜九州	樹木
コカマキリ	*Statilia maculata*	青森〜屋久島	草地
スジイリコカマキリ	*Statilia nemoralis*	沖縄	草地
ヤサガタコカマキリ	*Statilia parva*	石垣島・与那国島	草地
ウスバカマキリ	*Mantis religiosa*	北海道南部〜沖縄	草地
ナンヨウカマキリ	*Orthodera burmeisteri*	小笠原諸島	低木
ヒナカマキリ	*Amantis nawai*	本州〜沖縄	林床
ヒメカマキリ	*Acromantis japonica*	本州〜沖縄	樹木

参照）。世界では 2,400 種ほどが知られている。一つの目としては小さな
グループである。北半球では赤道付近の熱帯から亜熱帯、温帯と北上す
るにつれて生息する種数が減少する。北海道では、今のところ旭川や帯
広には１種も生息せず、札幌以南にオオカマキリとウスバカマキリの２
種が生息するのみである。北海道新聞社に札幌市民から寄せられたオオ
カマキリの発生や写真の情報から、札幌市内には確実に定着していると
言える。本州の青森県ではコカマキリが加わり３種となる。秋田県の能
代市と岩手県の一関市で弘前市在住の鈴樹亨純博士によってチョウセン
カマキリの生息が確認されたので、両県では４種となる。さらに、東北
地方の南部では小型のヒメカマキリが見られるようになる。加えて、新
潟県や関東地方ではハラビロカマキリが分布する。最近ではムネアカハ
ラビロカマキリが関東地方の北部まで生息するようになっている。

　東北地方ではカマキリと言えばオオカマキリであり、それ以外のカマ
キリは専門家でないと目にすることはめったにないだろう。関東地方以
南では、オオカマキリ、チョウセンカマキリ、ハラビロカマキリの生息
密度が高く、よく見かける。関西以南ではオオカマキリよりはチョウセ
ンカマキリの方が多いと思われ、成虫によく出会う。兵庫、岡山、香川、
鹿児島の各県で９月に採集すると両種が得られるが、住宅地の近くや水
田ではチョウセンカマキリをよく見かける。オオカマキリの日本での分
布南限は屋久島であり、沖縄には分布せず、代わりにオキナワオオカマ
キリ（マエモンカマキリともいう）が分布する。

　オオカマキリが小笠原諸島に分布するのに、気候が類似する沖縄に生
息していないのは謎である。オキナワオオカマキリはオオカマキリと極
めて近縁な種であり、日本に生息するカマキリの種間交配で唯一妊性が
ある。すなわち、弘前産のオオカマキリの♀と沖縄産オキナワオオカマ
キリの♂との間に妊性があり F_1、F_2 ができる。雑種は正常に発育する
わけではなく、ごく一部が羽化する程度である。オキナワオオカマキリ

は沖縄に棲むオオカマキリとして地理的隔離によって独自の進化を遂げた可能性がある。オオカマキリとチョウセンカマキリは、相互に♀の背中に♂が乗るマウントは見られる。まれに交尾することもあるが、F_1雑種は得られない。

　♀♂の区別は、どの種でも♀が大きく♂は小さいのでわかりやすい。腹部の幅は♀は広く♂は狭い。特に、ハラビロカマキリ、ウスバカマキリ、コカマキリでは、♀が♂より明らかに大きいので区別は容易である。しかし、♀♂の体サイズの相対的な差は、オキナワオオカマキリ、オオカマキリ、チョウセンカマキリの所属する *Tenodera*（テノデラ属）はそれほど大きくはなく、体サイズの差だけで判定すると間違う場合もある。触角の長さは♀より♂で長く、栃木県産のオオカマキリの場合、♀は平均22.4mm なのに対し、♂は42.0mm であった。♀♂による触角の長さの差は、匂いに対する感受性が♂で強いことと関係しているのだろう。全種を通じて♀♂の決定的な区別は、腹部先端にある尾突起があれば♂、なければ♀である（図I-1）。尾突起の有無は肉眼でもみえるが、ルーペを使えばより確実である。

　成虫の体長は約 10cm から 2cm たらずまで、種によって変異し、大き

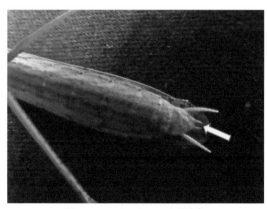

図I-1　コカマキリ♂の尾突起

いものからオキナワオオカマキリ、オオカマキリ、チョウセンカマキリ、ハ
ラビロカマキリ、ウスバカマキリ、コカマキリ、スジイリコカマキリ、ヤサ
ガタコカマキリ、ナンヨウカマキリ、ヒメカマキリ、ヒナカマキリの順となる。

　上記のカマキリのうちヒナカマキリの成虫は、痕跡的な翅を有するだ
けで全く飛べない。それ以外のカマキリの成虫は翅を有するが飛翔力は
決して高くない。♂成虫はいつでも飛べるが、♀成虫は卵巣発育前には
ある程度飛べるものの、卵巣が発育すると、腹部が肥大し飛べなくなる。
このようにカマキリ自体の移動力は限られているが、卵包が苗木などと
一緒に生息地から他の場所に運ばれる可能性はあるかもしれない。人為
的に成虫や卵がヒトの手で持ち込まれ、移動することも考えられる。

　分布が狭い地域に限られているのはナンヨウカマキリ（小笠原諸島）、
スジイリコカマキリ（沖縄）、ヤサガタコカマキリ（石垣、与那国）などで
ある。小笠原諸島のオオカマキリ、沖縄のオキナワオオカマキリとウス
バカマキリなどは、周年にわたり成虫が見られることから、季節によっ
て個体群密度が異なるとしても、無周期型の発生と考えられる。オオカ
マキリ、オキナワオオカマキリ及びウスバカマキリでは、どの発育期に
も休眠がないので、冬季でも死に至るような低温がなければ周年にわた
り発生が可能であろう。九州以北に生息するカマキリは年一回発生で、8
月以後に成虫が見られるようになる。ただし、ヒメカマキリだけは九州
で年2回、4〜5月と9月に成虫が発生し、本州では夏〜秋に成虫が出現
すると報告されている（岡田, 2001）。

　ムネアカハラビロカマキリは、中国から卵包が竹ボウキに付着して日
本に侵入したと言われている。ハラビロカマキリと同様に、樹上に生息し、
現在関東地方北部まで分布を拡大している。ムネアカハラビロカマキリ
の卵包は表面が白っぽく、緑色がかった黒色のハラビロカマキリのもの
とは全く異なり、両者は完全に別種である。両種は生息場所が共通する
が、体の大きいムネアカハラビロカマキリが、ハラビロカマキリを抑えて、

将来分布を拡大していくのかどうかが注目される。

3　カマキリの研究史

　フランスの博物学者ジャン・アンリ・ファーブル(1823〜1915、図Ⅰ-2)の『昆虫記』は1879〜1907年に発行されたが、その中でカマキリに関してはウスバカマキリを中心に詳しい記述がある。カマキリがどんな昆虫であるかについてのイメージは、ファーブルによって確立されたと言っても過言ではない。ウスバカマキリの性的共食いの記述は具体的で、交尾に際し♀が♂を食べる話が確立した。すなわち、1個体の♀が2週間の内に7個体の♂を次々に食べ尽くしたと記述している。

図Ⅰ-2　ファーブル (北原志乃 画)

　ファーブルは母国であるフランスよりも日本でより有名になったようだ。アメリカ人もファーブルを知っている人は少ないと言う。世界のどの国よりも、日本人にファーブルのファンが多いのは、それなりの理由がある。『昆虫記』の全訳から子供向けにアレンジされた訳本、その他、伝記など、全世代向けにさまざまな関連書が出版され、昆虫研究と言えばファーブルに直結するほど津々浦々まで知れ渡っているのである。彼の研究を知って自然や昆虫に興味を持つようになった日本人がいかに多いことか。日本はヨーロッパ諸国に比べて、自然が豊かで四季による変化も大きく、多様性が保たれているため自然観察に好都合で、そのためファーブルに共感する人が多いのだろう。

　しかし、日本では理学部の生物学や動物学研究室で昆虫を研究材料にしている大学がほんの少しあるだけで、主に農学部にある昆虫学研究室で行う伝統がある。その結果、農業と関係の深い害虫に関する研究を行うのが一般的になるので、害虫でないカマキリの研究はあまり顧みられなかったようだ。だからカマキリの研究をしていると、遊んでいると思われる風潮があったことは間違いない。

　日本におけるカマキリの研究は古川(1967)、Inoue(1983)、Matsura(1981)、Matsura and Inoue(1999)、酒井・湯沢(1994; 1996)、山崎(1996)、Iwasaki(1991; 1996)、Yamawaki(2011)、Watanabe *et al.*(2011)、Watanabe and Yano(2013)、大島(2018)等によって行われ、酒井(2003)は『カマキリは大雪を知っていた』を、岡田(2001)は『カマキリのすべて』を発刊した。筒井(2013)は写真集『カマキリの生きかた』を、海野(2015)は『世界のカマキリ観察図鑑』を出版した。アメリカでは Hurd(1985; 1988; 1999)がカマキリの生態を深く掘り下げた。Prete *et al.* の編集による The praying mantids(1999)は世界のカマキリ研究者の研究を広く紹介している。カマキリの分類、形態、生態、生活史、発音など全ての分野の集大成と言える。最近では、NHK Eテレの香川照之さんによるカマキリ先生の「昆虫すごいぜ」が人気だ。

4　カマキリの食性

　昆虫は植物を食べる食植性、動物を食べる食肉性、両方を食べる雑食性に分けられる。また、カイコのようにクワの葉だけを食べる単食性、モンシロチョウの幼虫であるアオムシのようにアブラナ科植物なら食べる狭食性、更に多数の植物、動物を食べる広食性に分けられる。植物を食べるか、動物を食べるかは大きな問題である。植物は動かないし、逃げない。そして一般にたくさん生えている。一方、動物は動くし、捕ま

えようとすると逃げるし植物ほどたくさんはない。だが、動物は植物に比べて栄養価が高いので、食べる量は1/10程度でたりる。動物は消費者であり、全ての動物は直接的、間接的に植物に依存している。植物があって動物があると言える。

　前脚で獲物を捕獲して食べる昆虫は、カマキリの他にカメムシ目の水生昆虫であるタガメ、タイコウチ、ミズカマキリなどがおり、アミメカゲロウ目のカマキリモドキは、外部形態がカマキリに類似する。それは、カマキリと目レベルで異なる昆虫が、捕食様式が類似することによって収斂進化した結果だろう。

　ファーブルは『昆虫記』の中でウスバカマキリの成虫はバッタ、チョウ、トンボ、ハエ、ハチなど生きているものなら何でも食べるが、ふ化幼虫は何を食べるかわからず飼育できなかったと記している。すなわち、カマキリのふ化幼虫はバラの枝についたアブラムシを与えたが食べず、ハエを刻んで与えたり、バッタのふ化幼虫、色々な植物やハチミツを与えても食べなかったと記している。なぜファーブルは1齢幼虫からの飼育ができなかったのか？

　その理由は、カマキリのどの種でも言えることであるが、ふ化後相当の時間何も食べないからであろう。ふ化幼虫は腸内に残っている卵黄の栄養でしばらく生き続けることができる。

　ふた付のプラスチック容器(90mℓ)に、カマキリのふ化直後の幼虫1個体を入れ、その中に餌となる生きた昆虫1個体を放して、カマキリが捕獲するまでの時間を計測した。その結果、オオカマキリ、チョウセンカマキリ、ハラビロカマキリ、ウスバカマキリ及びコカマキリなどがふ化してから、捕食しはじめるまでの時間は25度で最短でも12時間であった。平均では48時間となり、中には4日後にようやく食べ始める個体もいた(図Ⅰ-3)。イエコオロギやショウジョウバエのように常に動き回る昆虫は、カマキリのふ化幼虫の餌食になりやすい。一方、コバネイナゴ

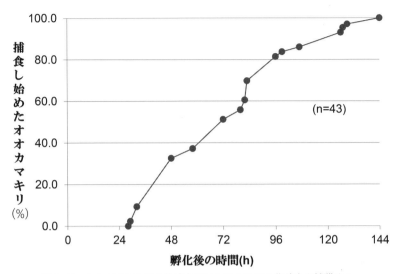

図I-3　オオカマキリのふ化幼虫がコカマキリのふ化幼虫を捕獲する
　　　までの時間（25℃）

やオンブバッタの幼虫はジャンプしても歩行することはほとんどないの
で、カマキリのふ化幼虫はなかなか捕食しない。また、飼育する温度が
低かったら、食べ始めるまでにはもっと長い時間がかかるだろう。

　どの種のカマキリも動かない餌は決して捕食しない。動き始めた瞬間
に捕獲することもよくある。動くものは生きている証拠であり、カマキ
リにとって新鮮な餌である。生きた動く餌だけを捕食すれば、餌から病
気が伝染する可能性も低い。ただし、鶏肉やハムなどの小片を糸で吊る
すか、ピンセットでつまんでカマキリの目前で動かすと捕らえて食べる。
動いていた昆虫などが静止した瞬間にも捕獲する場合があるので、捕らえ
る瞬間に動いていることが、捕食の絶対条件ではないようだ。それでも
初めから動かないものには決して反応しない。食べている餌をうっかり
落としてしまった時や人為的に取り上げたりすると、その餌が生きてい
て動く状態であれば再度捕食するが、既に死んで動かない状態であれば
拾って食べることはない。カマキリは植物を一切食べず、昆虫を中心と

して動く小動物を餌としている。バッタ目キリギリス科の昆虫の中に肉
食もするが、死んだ昆虫や動かない蛹なども食べるし、ニンジンやイネ科、
カヤツリグサ科の植物、特に穂を好んで食べるものがいるのとは対照的
である。カマキリにとって吸水は不可欠であり、飼育条件下では水滴や
脱脂綿に含ませた水に直接口を付けて吸水する。自然界では降雨や夜露
があるのでカマキリが水分不足になることは実質的にはないだろう。

　動く動物に反応して捕食するのなら、カマキリは、風が吹いて植物が
揺れ動いたときにどう反応するか？　微風なら無風状態よりも捕食行動や
交尾行動はむしろ活発になる。しかし、強風の時は餌を採らないようだ。
強風で飛ばされないように、カマで植物にしがみつくため、伝家の宝刀
である前脚は捕食に使えない。風とカマキリの行動の関係は扇風機を用
いた実験から観察できる。

　多くの肉食性昆虫は特定の相手を餌としている。ベダリアテントウは
ミカン類の害虫であるイセリアカイガラムシだけを食べる。テントウム
シはアブラムシ類を、ゲンジボタルの幼虫は清流に棲むカワニナを、マ
イマイカブリはカタツムリを食べるなどである。ところが、カマキリは
捕食できるものは何でも食べる。だから、特定の種の餌だけが集中的に
攻撃されることはないので、カマキリに食べられて絶滅するような種は
恐らくないだろう。場所や季節、或いはカマキリの発育ステージの違い
によって捕食する相手が異なるので、カマキリに捕食される獲物の種類
は非常に多様である。ただし、動くものには何にでも反応するので同種
ばかりか近縁のカマキリも普通に捕食する“共食い”が起こることになり、
カマキリにとって大問題を抱えることになったと考えられる。

　オオカマキリの幼虫や成虫が実験室で捕食したリストを示した（表Ⅰ-
2）。チョウやガの成虫、ハエ、アブ、イナゴ、バッタ、クモ、アマガエル、
時にはカナヘビも食べる。悪臭を放つナガメ、クサギカメムシ、毒針を
持つミツバチ、フタモンアシナガバチ、セグロアシナガバチ、キイロス

表I-2　オオカマキリの食べた餌

1齢幼虫	成虫	
トビムシ類	ミールワーム	ヤマトゴキブリ
チャタテムシ	イエコオロギ	ツマグロオオヨコバイ
アブラムシ類	トンボ類	ハエ類
オンシツコナジラミ	コバネイナゴ	アブ類
ショウジョウバエ	オンブバッタ	モンシロチョウ
ウンカ類	ヒシバッタ	キタテハ
ヨコバイ類	ヒメギス	アメリカシロヒトリ
ノシメコクガ	マダラカマドウマ	オビカレハ
イエコオロギ1齢幼虫	ハサミムシ	ヨトウガ
コバネイナゴ	ヒメギス	アブラゼミ
オンブバッタ	ヒメクサキリ	ナガメ
コカマキリ	ツユムシ	コモリグモ
ウスバカマキリ	ミツバチ	ゲジ
ハラビロカマキリ	アシナガバチ	シマミミズ
チョウセンカマキリ	キイロスズメバチ	アマガエル

ズメバチ等も食べた。また、野外でスズメガの終齢幼虫を食べているのが観察された。なお、クマバチは食べなかった。きっと大き過ぎたのだろう。餌の例として、実験室で主に幼虫や成虫の餌となるイエコオロギと、成虫の餌となるヒメギスを図示した（図I-4・5）。

　樹上に生息するハラビロカマキリの成虫が、セミを食べているのを静岡県で見たことがある。ハチはカマキリの腹部なら刺せるかもしれないが、キチン質で覆われた長い頭胸部のお陰でカマキリは、鎌で捕らえたハチに刺されることはほぼないようだ。南米ではカマキリがハチドリを食べることが報告されている（Hildebrand, 1949）。また、庭に置かれた水がめで飼育していた水中のグッピーをカマキリが捕食したという（Battiston *et al.*, 2018）。

　カマキリは主に昼行性であるが、夜も活動し捕食もする。カマキリの

複眼は明るい間は褐色であるが夜になると真っ黒に変化し、わずかな光でも見えるようだ。夜にオオカマキリの成虫がヤガの成虫を捕食していた。後述するようにカマキリは夜に交尾するのが通常の交尾なのだ。

ウスバカゲロウの幼虫であるアリジゴクは、砂地にすり鉢状のくぼ地を造って、そこに落下する獲物を待つ完全な待ち伏せ型であるが、カマキリは獲物をじっと待ち伏せして捕らえる場合（待ち伏せ型）と、視野に入った獲物を追跡して捕獲する場合（追跡型）とがある。特に、空腹時には餌にな

図I-4　イエコオロギ

図I-5　ヒメギス

る昆虫などを追いかける。チョウセンカマキリで、空腹度と移動距離との間に正の相関があることが明らかにされている（Matsura and Inoue, 1999）。視覚で餌を認識し、カマが届く範囲ならカマを振りかざして捕獲する。カマが届かない時は、届くまで追跡してから攻撃する。狙った獲物は百発百中で捕らえられるわけではなく、逃げられることも珍しくない。いずれにしても、カマキリが餌を捕まえるのは電光石火の早業である。

　また、捕らえたら頭部か胸部から直ちに食べ始める。カマキリは取りあえず本能的に餌を捕獲し、そして食べるか否かはその後に決めるようだ。だから有り余るほどの餌を与えると、無駄使いをしてしまう。例えば、オオカマキリの成虫にイエコオロギの成虫5個体を同時に与えると、次々に捕らえるのだが、頭部など一部だけを食べて捨ててしまう。それは、自然界で餌を確保することが容易でないことの裏返しで、捕獲できる餌は取りあえず捕獲するという行動が備わっているためと考えられる。また、カマキリは周りに動くものがいると、身の危険を察知して防御反応として、先制攻撃しているという可能性も考えられる。

　カマキリは視覚で餌を捕るだけでなく、反射によって餌を捕る場合もあると思われる。オオカマキリの飼育容器にイエコオロギを投げ込んだ時に、コオロギが容器の底に着く前に、カマキリが直接捕らえる場合が時々あった。ミツバチやチョウがカマキリに向かって飛んで来た時に、直接キャッチできる。電光石火の捕獲行動が視覚に基づいた行動であるか、反射反応であるかは議論のあるところだが、なんとなんと頭部を切

図Ⅰ-6　頭部のないオオカマキリがミールワームを捕獲

断したオオカマキリ♀の終齢幼虫が、偶然ミールワームを捕まえ38秒後に放した。また頭部を切断した♀成虫でも同様の行動が観察された（図Ⅰ-6）。頭部がないのだから複眼も脳もないのだが、このことはカマキリが振動或いは触れることで餌の存在を察知し、胸部と腹部神経の働きだけで餌を反射的に捕らえることができることを意味している。実際に採集している時に私の指を餌と間違えて、食い付いてくることも何度もあった。

　カマキリは動くものなら何でも餌にすることで、多様な小動物を捕食できる。これは、生存上有利だが、反面、同種・異種のカマキリも餌と認識してしまうので、共食いという問題が生じたと考えられる。

5　カマキリの共食い

　共食いする動物はかなり知られている。プラナリアでは普通に共食いが起こる。通常では共食いしなくても、餌不足などの環境悪化が生じると共食いが起こる場合が多い。全滅するよりは共食いによって一部でも生き残った方が、その種にとって適応的なのだろう。オタマジャクシの中には、棲み場所の水が干上がってきた時に、共食いを始める種が知られている。毒グモとして有名なセアカゴケグモは♀に比べて♂が極端に小さいのだが、交尾後、♂は♀に体を差し出し食べられることで、♀の産卵数を増加させ、自らの子孫を増やすのだと、解釈されている。

　交尾に際し♀が♂を食べる、性的共食い現象でカマキリほど広く知られている例は他にないだろう。上述したが、世界一有名なファーブルの『昆虫記』の中の記述が大きな影響を与えているようだ。ローダ（Roeder, 1935）によるウスバカマキリの交尾行動の研究も有名で、交尾に際し♀は♂を断首することで♂の脳による交尾抑制作用を開放し、性欲をより高める効果があるとまことしやかに伝えられている。私の知人やカマキリ採集旅行で出会った人々に尋ねたところでは、日本人の大部分がカマ

キリは交尾すると、例外なく♂が♀に食べられると信じている印象である。実際、♀が♂を食べている現場を目撃した人や、テレビや著書で共食いの映像を見た方も多いようだ。なかでも♀に頭を食べられた♂が、その♀と交尾している光景や映像を見た人は、まさに身の毛もよだつ（gruesome）衝撃を受けたに違いない。ヒトの場合に当てはめると、最愛の夫を食べてしまうイメージで、交尾の代価として命を支払わせるのは許せない気分にすらなる。

　カマキリの性的共食いは、いくつかの異なる条件下で起こる。オオカマキリの場合は、羽化後の温度が25度なら♀は2週間ほど、♂なら1週間ほど経過するまで交尾しない。♀の腹部が卵巣発育に伴って肥大するころから♂と一緒にすると、次の4通りのどれかが起こる。①正常に交尾し、その後♀♂が分かれる。②♀が♂の頭部（時には胸部や腹部の一部も）を食べたのちに、頭部のない♂と交尾する。③正常に交尾した後に、♀が♂を食べる。④交尾する前に♀が♂を食べる。オオカマキリに関する私の実験では腹部が肥大し始めた♀に♂を入れた時、♀による♂の捕食率は8/85（9.4％）であった。つまり、実際には②③④のような性的共食いが起こる確率はオオカマキリの場合、10％以下ということになる。ただし、交尾が終わり♀♂が離れた後、♂を別の容器に移したので、上の数字は二者が離れた時点での結果である。もし、羽化後10日以内で♀が交尾期に達する前に♂と一緒にすると、ほとんど例外なく、♀は交尾することなく、♂を食べてしまう。研究者によって交尾時の♀による♂の捕食率に差がみられるのは、羽化後交尾させる時までの日数が異なるからであると考えられる。

　なお、カマキリの♀にとって命を次世代につなぐには、交尾は不可欠であるが、交尾は片手間のようにも見え、交尾中に餌を捕らえて食べることすらある。一方、♂は交尾中♀の背中に必死でしがみついている。交尾時間は3〜8時間であるが、いったん離れてから再交尾することもあ

る。また、♀♂とも数回交尾することもあるが、どの種のカマキリも一回交尾すれば♀は生涯受精卵を産むことができる。

　♀に頭部を食べられた♂がその♀と交尾するには、♀は♂の腹部が残っている時点で、摂食を中止しなければならないし、頭部を欠いた♂には、♀の協力が必要であろう。性的共食いの強さはカマキリの種によって異なり、私の観察では、その傾向が強い方からウスバカマキリ＞ハラビロカマキリ＞オオカマキリ＞チョウセンカマキリ＞コカマキリの順である。この5種のうちコカマキリは体サイズが文字通り小さく、交尾に際し♀が♂を食べる確率は他の種よりも明らかに低い。鹿児島県知覧町で得たコカマキリの卵からふ化した幼虫を飼育して、6♀得られたのだが♂は1匹しか成虫にならなかった。しかし、その♂をそれぞれの♀と交尾させて、全ての♀に受精卵を産ませることができた。次に共食い率が低いのがチョウセンカマキリである。他の3種の共食い率はいくらか高いが、その3種の間には大きな差はない。

　カマキリの性決定は、産卵される時に受精する精子の性染色体がホモなら♀に、ヘテロなら♂になる。精原細胞起源のホモとヘテロの精子数は原理的に1：1なので、ふ化幼虫の性比はほぼ1：1になる。性決定は産卵される時に精子によって決まるので、1齢幼虫は♀♂による体サイズ差はなく強弱もない。しかし、発育が進むにつれて♀♂による体サイズに差ができてくる。たとえばオオカマキリの場合、5齢ごろまでは♀♂の体サイズにほとんど違いがないが、6齢以降、成虫に成長する過程で差がつく。成虫の場合、♀は卵巣発育のために多くの栄養を必要とするが、♂は微小な精子を作るだけなのでそれほどの栄養を必要としない。

　カマキリはどの種も♀は長命で、♂は短命である。茨城県桜川市産のコカマキリは25度、12時間照明で♀成虫の生存日数126.3 ± 21.0日（10個体の平均）に対し、♂はほぼ半分の63.7 ± 11.5日であった。もちろん、餌を十分に与えた条件下での寿命である。

　交尾に際し♂が♀に食べられる性的共食いが起こる原因は何か？ それは♀♂間での体サイズと食欲差に起因していると思われる。東南アジアに生息するヒシムネカレハカマキリを弘前の実験室で飼育して、1♀6♂を得た。交尾させようとして1♀に♂が次々に食べられ、受精卵は全く得られなかった。そのカマキリの♂は、♀に比べて同種とは思えないほど小さい。カマキリはどの種も程度の差があれ、♀は♂より大きく、食欲の性差が性的共食いの原因になっていると思われる。ただし、体サイズに性差があれば全ての動物が共食いするわけではないので、カマキリ特有の動くものなら何にでも攻撃を加える習性に基づいた現象と言えそうだ。

　昆虫の中には周期ゼミ、サバクトビバッタ、アメリカシロヒトリ、ブナアオシャチホコ、アカシジミなど年によって大量発生するものがいる。しかし、カマキリが大量発生した話は一度も聞かない。なぜだろうか？第一の理由は、カマキリが肉食だからであろう。肉食性の昆虫は大量発生することがなく、毎年安定した個体数になる生き方を営んでいる。また、幼虫期に共食いが起こることで数が減り、大量発生が起こらないと考えられる。オオカマキリの場合、全ての発育ステージの中で、最も個体群密度が低下するのは、ふ化から2齢までの間と思われる。卵包から脱出して移動する間にクモ、アリ、カエル、カナヘビ等に捕食されるだけでなく、先にふ化して待ち伏せている同種、時には異種のカマキリに捕

表I-3　オオカマキリのふ化幼虫飼育密度と2齢率

ふ化幼虫の飼育密度と2齢に達した割合(%)			
飼育密度	調査個体数	2齢数	2齢率(%)
1	30	29	96.7
2	34	27	79.4
5	65	43	66.2
10	100	47	47.0
50	150	46	30.7

食されてしまうのだ。仲間を捕食するカマキリは、親が前年の秋に早く卵を生んでくれたために越冬後のふ化が早かった強運の個体、捕食されるのは少しふ化が遅れた不運な個体である。どちらのカマキリも種の存続には欠かせない存在のようだ。ただし、産卵が早すぎると年内にふ化してしまう可能性があり、また翌春のふ化があまりに早いと、捕食する餌にありつけない可能性もありうる。

　カマキリの飼育は単独で行うのが原則である。同じ日にふ化したオオカマキリの幼虫を1.8ℓのガラス容器に、1～50個体と飼育密度を変えて飼育すると、飼育密度が高いほど2齢まで発育する割合が低下した（表Ⅰ-3）。餌はイエコオロギの1齢幼虫、ショウジョウバエなどをカマキリの飼育密度にかかわらず、常に食べ残しが出るように十分な数を与えた。結果は、単独飼育では96.7％が2齢になったのに対し、飼育密度が高くなるにつれて2齢に達する割合が低下し、50個体の集団飼育では30.7％しか2齢に達しなかった。自然界でのカマキリのふ化幼虫は、広く分散するので高密度による弊害は避けられるだろう。なお、1齢幼虫どうしの共食いはふ化日が異なるあいだでは起こるが、同日ふ化間では起こりにくい。

　カマキリが共食いを避けているか否かを調べるために、90mℓのプラスチック容器にオオカマキリの2齢幼虫1個体を入れて、その中に同種のふ化幼虫、コバネイナゴとオンブバッタの1齢幼虫を同時に入れた。

表Ⅰ-4　オオカマキリ2齢幼虫の餌選択

捕食順	与えた1齢幼虫		
	オオカマキリ	コバネイナゴ	オンブバッタ
最　初	11	12	19
2番目	16	13	13
3番目	15	17	10
計	42	42	42

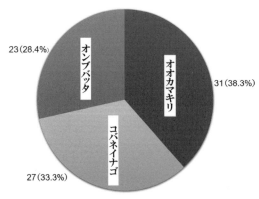

図 I-7　オオカマキリのふ化 3 日後幼虫の餌選択（N = 81）

そして、捕食の順序を記録した（表 I -4）。42 回の実験のうち、最初に捕食したのはオオカマキリ 11、コバネイナゴ 12、オンブバッタ 19 であった。2 番目に捕食したのは、オオカマキリ 16、コバネイナゴ 13、オンブバッタ 13 であった。3 番目に捕食したのはオオカマキリ 15、コバネイナゴ 17、オンブバッタ 10 であった。また、ふ化後 3 日目のオオカマキリの胸部背面にマジックでマークし、ふ化当日のオオカマキリ、コバネイナゴとオンブバッタの 1 齢幼虫を与えた時も、マークしたカマキリが餌として与

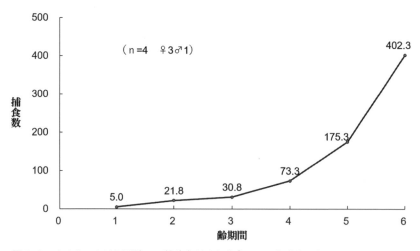

図 I-8　オオカマキリは同種の 1 齢幼虫だけを共食いしても成虫になる（グラフは各齢期ごと幼虫が捕食した 1 齢幼虫の平均数。なお幼虫期の捕食量にはほとんど差がないため、グラフでは♀♂を区別していない）

えた3種を区別せずに捕食した(図I-7)。これらの結果から、少なくて
もオオカマキリの幼虫は、同種を捕食することを避けてはいないことが
わかった。オオカマキリはふ化直後からしばらくは捕食しないが、2齢
幼虫やふ化後3日以上経過したオオカマキリは、空腹度が高まるので動
き回り、それに伴って本来あまり動かないコバネイナゴやオンブバッタ
の1齢幼虫も動くので捕食されると考えられる。

　オオカマキリの場合、実験的に同種のふ化幼虫だけを与えて成虫まで
発育させることができた(図I-8)。共食いだけで成虫になったのである。
実験に用いた弘前産のカマキリは一般に6齢を経過して成虫になる。1
齢幼虫が他の1齢幼虫を1個体食べただけでは2齢にはなれないが、寿
命が4日伸び10日間生存する。2個体食べた一部は2齢になった。自由
に食べさせると、1齢で平均5.0個体、2齢で21.8個体を食べた。齢が進
むにつれて捕食数が増加し、成虫になるまで平均708.5個体を食べて♀3
♂1が羽化した。4齢ころまでは、ふ化幼虫は餌として適するが、5齢以
後は餌として小さすぎて適さなくなるので、死亡率が上がってふ化幼虫
の10%程度しか羽化できなかった。なお、与える餌サイズを発育が進む
につれて小型から大型へ徐々に変える通常の飼育では、羽化率は50%ほ
どになり、その後は交尾・産卵するまでほとんど死亡しない。

表I-5　オオカマキリの日齢の違いと捕食

対戦組合わせ	組合わせ数	齢の進んだ個体の勝率(%)
1齢(0日)と1齢(4日)	27	100
1齢と2齢	53	98
2齢と3齢	16	100
3齢と4齢	13	100
4齢と5齢	18	100
5齢と6齢	14	93
6齢と成虫	12	92

　カマキリは共食いを好んでするとは思わないが、捕獲できるものは何でも食べるので、体の大きいものが小さいものを食べる。オオカマキリのふ化時期の違いと共食いとの関係を示した（表I-5）。1齢幼虫の場合はふ化が早く、空腹度が増した個体が、後からふ化するものを捕食する。1齢幼虫が同じ1齢幼虫を捕食する場合、食べ終わるまで約2時間かかる。それにしても、食べるものと食べられるものが同じサイズなのに、どうして食べる側のおなかにおさまるのかが不思議である。捕食したカマキリの腹部がやや膨れる程度である。1個体でも食べた個体は強くなり、次の共食い競争にも勝つようになる。その後は体が大きく齢数の進んだものが、それより体の小さいカマキリを捕食した。いずれにしても、カマキリほど共食いが頻繁に起こる生物は他にないだろう。捕食性のカマキリが地球上に出現した時、個体数の多い完全変態の昆虫は出現しておらず、餌の確保に苦労した中生代の形質を今も引き継いでいるのだろう。

　オオカマキリは単為生殖を行わず、交尾させない♀の卵はふ化しない。なお、オオカマキリ、チョウセンカマキリ、ハラビロカマキリ及びコカマキリの野外採集した越冬卵包に不受精卵だけのものは見られないので、交尾の機会に恵まれない♀カマキリは一般にはないと考えられる。また、ウスバカマキリだけが未交尾の♀が産む卵から、ごく一部ふ化する場合がある。その単為生殖でふ化した幼虫は、全て♀になるが、ふ化した100個体余りの幼虫を飼育した結果、2齢になる前に全て死亡した。

6　カマキリの性フェロモンによる交尾

　カマキリ類の交尾行動において、♀の放出する性フェロモンに♂が反応する現象はあまり知られていない。カマキリは昼行性昆虫だから、交尾も昼に行われると信じている人が多いかもしれない。実際、昼に交尾しているカマキリも確かにいる。昼間なので、視覚が大事だと思ってい

図I-9　未交尾のオオカマキリ♀を野外に置く

る人も少なくないだろう。三重県でオオカマキリの1♀に2♂が交尾し
ようとして争っているのを目撃したことがある。しかし、カマキリ類の
通常の交尾は性フェロモンを介して行われるのは間違いない。腹部が卵
巣発育によって肥大し始めた未交尾のオオカマキリの♀を、別々のカゴ
に入れて9月に野外に置くと（図I-9）、オオカマキリの生息地はもちろ

図I-10　未交尾のオオカマキリ♀に夜♂が来る

図Ⅰ-11　庭にオオカマキリとウスバカマキリの未交尾の♀を交互に置く

ん、住宅地でさえ何処からともなく♂が飛来し、カゴの上に止まる（図Ⅰ-10）。♂が飛来するのは夜8〜10時である。飛来した♂を♀の入ったカゴに入れると10分ほどのうちに交尾した。2008年5♀、2017年4♀、計9♀を入れた全てのカゴに♂が飛来した。そして、飛来後に交尾させたが、♂が食われることはなかった。

　1回交尾した♀のカゴには♂は全く飛来しなくなった。2017年の実験では、オオカマキリとウスバカマキリのカゴを交互に並べた（図Ⅰ-11）。ウスバカマキリのカゴには全くオオカマキリの♂は飛来しなかった。なお、ウスバカマキリは弘前市内には生息していないか、いるとしても極めて低密度と考えられる。未交尾の♀を入れたオオカマキリとウスバカマキリのカゴは互いに接するほど近くに配置したのに、野外から飛来したオオカマキリの♂は同種の♀のカゴの上にだけ止まった。♂はランダムに飛んだり植物に止まったりを繰り返しながら、たまたま♀に近づいた時に、その♀の存在を認識するようで、性フェロモンの届く範囲は狭

いと思われる。

　青森県でオオカマキリは 8 月上旬～下旬に羽化し、8 月末から 9 月に
かけて、電灯に飛来する。飛翔を始める時期は北より南の地域ほど遅く
なる。オオカマキリの他にチョウセンカマキリ、ハラビロカマキリ等も
灯火に飛来する。そのほとんど全部が♂成虫である。

　岩橋（1992）は沖縄で、ハラビロカマキリの♀が夜に性フェロモン
を放出し、♂が反応して交尾することを明らかにした。Perez（2005）
もハラビロカマキリで、Hurd et al.（2004）はハラビロカマキリに近い
Sphodromantis lineola で、Gemeno et al.（2005）はウスバカマキリで性フェ
ロモンを使って夜に交尾することを報告している。カマキリ類の♀は 1 回
交尾すれば生涯受精卵を産むことができるので、2 回目以後の交尾は必ず
しも必要ないが、♂は♀より交尾に積極的なため、昼でも♀を発見すれば
交尾しようとするようだ。昼間の交尾は、♀が性フェロモンを出さずに
行われているに違いない。Watanabe et al.（2011）はオオカマキリ卵包の
20％以上が、複数の♂の精子で受精した卵が含まれることをマイクロサ
テライト（microsatellite）多型を利用した解析によって明らかにしている。

7　カマキリは全て右利き

　生物は左右対称を基本とするが、つる性植物が支柱などに巻き付くと
き、地面から空に向かって時計回りなら右巻き、反時計回りなら左巻き
とされる。アサガオは右巻きである。カタツムリや巻貝も右巻きと左巻
きがあり、巻き方が逆だと交尾できないので別種となるようだ。

　オオカマキリ、チョウセンカマキリ、ハラビロカマキリ、ウスバカマ
キリ及びコカマキリの 5 種とも♀の背中に♂が乗るマウントの形で交尾
する。その場合、♂は必ず右側から腹部をまげて交尾する（図Ⅰ-12）。左
側から交尾した例はただの一度も目撃したことがない。交尾を目撃した

図Ⅰ-12　コカマキリの交尾（♂は右側から交尾）

回数は一番少ないウスバカマキリでも 100 回以上、オオカマキリでは 500 回以上になるが、全て♂は右側から腹部を曲げて交尾した。たまには、左利きがあっても不思議ではなさそうなのに、なぜ右側からだけ腹部を曲げて交尾するのか？　♀の交尾器は左右対称にみえるが、♂の外部生殖器は左右対称でないことと、関係しているのかもしれない。5 種とも右利きであることは、どのカマキリも共通の祖先から種分化した可能性を強く示していると考えられる。

8　カマキリに食べられない甲虫

　カブトムシ、クワガタムシ、コガネムシ、テントウムシ、ゾウムシ等は甲虫目昆虫に属し、一般に甲虫と呼ばれている。昆虫の翅は原則 4 枚だが、甲虫は前翅の 2 枚が飛翔のためではなく、胴体を保護する甲（よろい）となっており飛ぶときは後翅の 2 枚だけを使っている。甲虫が飛ぶ姿は優雅と

図Ⅰ-13　ミールワームの幼虫、蛹、成虫

はほど遠く、タマムシなどはぎこちない飛び方をする。その甲虫の種数は世界で30万種を超えて、次に種数が多いハチ目やチョウ目の2倍以上に達し、地球上で最も繁栄している昆虫である。カマキリは動く昆虫を中心とした生きている小動物を捕食するが、甲虫類の成虫はカマキリの餌としては適さない。なぜなら、カマキリが甲虫の成虫を捕獲しようとしても、武器になる前脚のカマの内側にある刺が、甲虫の堅い前翅に阻まれて、機能せず捕らえることができない。ミールワーム（ゴミムシダマシ、図Ⅰ-13）は小麦粉を取った残渣のフスマで飼育でき、幼虫期はカマキリの絶好の餌になる。しかし、カマキリはその蛹は動かないから捕食できず、成虫は前翅が固くてカマが使えないので捕食できない。ミールワームやマメコガネの硬い前翅を人為的に除去すれば、カマキリは捕食できるようになる。また、コガネムシやテントウムシが羽化直後で前翅がまだ柔らかいうちなら、カマキリはそれらを捕食できる。

　甲虫の翅鞘は、水分保持や病原菌からの保護などのほか、カマキリや鳥の捕食回避に役立っていると考えられる。カマキリにとっては昆虫全体の約1/3を占める甲虫を捕食できないことになり、甲虫が大繁栄している理由の一つは、前翅を飛ぶための機能ではなく、身を守る甲にしたことで外敵からの攻撃を受けにくくなったためと考えられる。

9　カマキリの生活史調節—日長を読む

　地球は太陽から見れば地軸が 23° 27' 傾いて自転している。だから、赤道では年中昼と夜の長さは変わらないが、赤道から南北に離れるにつれて昼と夜の長さが変化して、季節が生まれる。北半球では春分の日と秋分の日に昼と夜の長さが同じになり、昼の長さは夏至が最長、冬至が最短になる。南半球では北半球の春分の日が秋分の日になり、冬至が夏至になる。昼と夜の長さの比は緯度が高くなるほど大きくなる。地球上の生物はその比類希な正確さで変化する日長に反応することで季節を知るのである。カッコウが毎年同じころに鳴き始め、セイタカアワダチソウが毎年ほぼ同じ日に花を咲かせるのは、日長に反応して行動や開花日を調節しているためと言われている。生物は実際には夜の長さを測定しているのだが、1 日は 24 時間なので便宜的に明期の長さで表すことにする。気温は年によってかなり変化するが、日長の季節的変化は毎年全く同じである。日本に生息するカマキリは沖縄と小笠原諸島を除いて冬は活動できないし、餌となる小動物も少ないので幼虫や成虫は生きられない。だから全てのカマキリは、比較的耐寒性の強い卵で越冬する。オオカマキリやウスバカマキリは卵期に休眠がないので、産卵が早すぎると年内にふ化してしまう危険がある。また、胚発育が進みすぎていると、越冬後のふ化が早すぎて捕食する餌が得られないことや、遅霜に遭う危険もある。そこで、カマキリは夏には卵巣発育を抑制し、秋になって初めて卵巣を発育させ、毎年ほぼ同じ時期から産卵が始まる仕組みになっている。カマキリは、この調節を日長の季節的変化を読んで成し遂げている。つまり、日長が比較的長い夏の間は、卵巣は発育せず、秋に日長が短くなると卵巣が発育して交尾と産卵が起こるのである。

　飼育下では、羽化後の卵巣発育に伴って♀成虫の腹部が肥大するまでの日数が、飼育温度が同じでも短日条件では短く、長日条件では長くなっ

表I-6　オオカマキリの産卵前期間と日長

飼育日長	n	産卵前期間(平均±SD)
LD 12:12	13	28.2±5.2
LD 16:8	13	67.3±15.0

(鹿児島産, 22.5⇔27.5℃飼育)

た。25度で1日12時間(短日)と16時間(長日)の明期条件で飼育し、外見から♀成虫の腹部が肥大した時点で、♂を♀の飼育容器に入れ交尾させ、羽化後産卵までの日数を比較した。その結果、羽化後産卵までの日数は長日に比べ、短日条件で著しく短縮し、半分ほどの日数で産卵を開始することがわかった(表I-6)。また、オオカマキリ以外のカマキリも、産卵前期間は短日条件で短縮される。なお、♀の卵巣発育の開始前に♂を入れると、多くの場合♀に食べられてしまう。

　オオカマキリやウスバカマキリのほかに、休眠がないのに卵越冬できる昆虫として日本ではオンブバッタが知られる(図I-14)。青森県弘前市の調査では、幼虫は♂は4齢、♀は5齢(短日では一部4齢)を経て羽化する。長日条件では短日よりも発育が遅くなるが、成虫サイズは増加する。♀はイナゴやバッタと同様に、卵鞘の形で土中に産卵する。越冬期の胚ステージは産卵時期の違いにより大きく異なる。野外でのふ化は6月で、早いものと遅いもので3週間ほどばらつく。産下直後の卵を18〜30度に保存すると、どの温度でも発育休止は起こらず高温では短期間で、低温ほど長期間を要してふ化するので、休眠がないこと

図I-14　オンブバッタの♀（下）と♂（上）

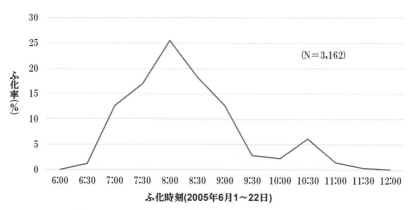

図 I -15　オオカマキリ（弘前産）の野外におけるふ化時刻

がわかる。年１世代で日長が短くなる初秋に毎年決まって卵巣発育が開始される点では、カマキリとオンブバッタは共通している。

　オオカマキリ、チョウセンカマキリ、ウスバカマキリ、コカマキリなどの卵は、必ず午前中にふ化する。弘前産のオオカマキリが野外条件下でふ化する時刻を 30 分ごとに調査した結果を示した（図 I -15）。野外条件では調査時期による夜明け時刻の違いや、温度の違いがあるのでふ化時刻はばらつくが、午前８時をピークに午前中にだけふ化した。25 度 16 時間照明で、朝６時 30 分から明期にするとふ化時刻は７〜９時に集中して起こる。夜明けがふ化の合図になるようだ。一方、ハラビロカマキリだけは午前中にふ化することはなく午後にふ化する（図 I -16）。

図 I -16　ハラビロカマキリのふ化

　コカマキリの卵包を低温処理せずに 25 度、16 時間照明下に置き続けると産卵後 45 日以上経過して自然に休眠がさめ、ばらつきながらふ化が始まる。この場合、大部分のふ化幼虫は 48 時間周期で出現する（表 I-7、図 I-17）。48 時間周期でふ化が見られるのは、他の生物では知られていない不思議な現象である。

　自然界では晩秋から春までコカマキリの卵は冬の低温に遭遇するので、その間に休眠は消去し、卵包ごとに春季のふ化はほぼ一斉に起こる。だから自然界では前述のような 48 時間周期のふ化は実際には起こらず、その生態的意義は考えられない。しかし、低温に遭遇させない場合、卵の約 70% が死亡するものの、残りの 30% ほどの卵は自然に休眠が覚めて胚発育が進みふ化してくる。その場合に起こる 48 時間周期の特異なふ化は、九州、関東および東北など地理的に異なる全ての系統で観察された。こ

表 I-7　コカマキリのふ化リズム

ふ化開始後のふ化数の変化(山形県中山町, 25℃, LD16:8)

卵包の番号	ふ化開始後の日数								計
	0	1	2	3	4	5	6	7	
1	13	0	7	0	2				22
2	64	0	14	0	0	2			80
3	76	0	4						80
4	13	0	0	3					16
5	4	0	2						6
6	33	0	36	0	3				72
7	43	0	0	20	0	1			64
8	43	0	27	0	26				96
9	12	0	10						23
10	12	0	3						15
11	86	0	0	0	51				137
12	41	0	16	1	2				60
13	11	0	3	0	3				17
14	29	34	0	10					73
15	28	0	2	0	2				32

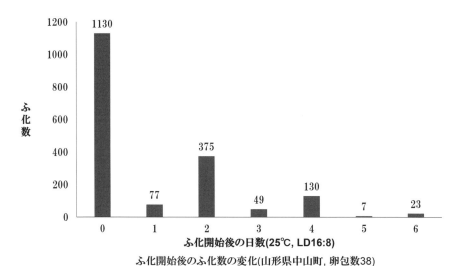

図Ⅰ-17　コカマキリのふ化は 48 時間周期（ふ化開始日を 1 日とした）

の特異な現象は生物が時間を測る測時機構の解明に良いヒントを与えて
くれる可能性が期待できる。

10　カマキリの卵包と産卵行動

　カマキリの成虫は別種であっても、体サイズの違いや模様の違いはあ
るが、形態は類似している。ところが、卵包の形は種によって著しく異
なる(図Ⅰ-18)。従って、卵包の形を見れば、どの種の卵包か一目瞭然で
ある。卵包のサイズ、形態、堅さ、色彩、産卵場所などが種ごとに異な
る。サイズは大きい順にオキナワオオカマキリ、オオカマキリ、チョウ
センカマキリ、ハラビロカマキリ、ウスバカマキリ、コカマキリとなる。
オキナワオオカマキリとオオカマキリの卵包は類似し、外側が柔らかく
弾力がある。チョウセンカマキリ、ウスバカマキリ、コカマキリの卵包
の外側はやや硬く緻密である。ハラビロカマキリの卵包の外側は緑がかっ

図Ⅰ-18　5種のカマキリの卵包（左写真；左からオオカマキリ、チョウセンカマキリ、ハラビロカマキリ、コカマキリ／右写真；ウスバカマキリ〈産卵〉）

た黒で金属光沢がある。また、産卵場所に卵包を付着させるか、植物の茎などを挟むかの二通りがある。オオカマキリだけ卵包を植物の茎や枝を挟んで産み、他のカマキリは石、植物、構造物などに卵包をくっつけて産む。どの種のカマキリも卵巣の付属腺から分泌されるタンパク質の液状物を、尾状突起を含む腹部先端でこねて、空気を取り込んで、種ごとに特徴のある卵包の形を作る。カマキリの卵は上下、両横の全面が分泌物で覆われ、外からは全く見えない。その分泌物が外界の乾燥、温度、外敵から保護し、しかもふ化する時に前幼虫が通る通路まで用意されている優れものである。昆虫の卵塊の中でカマキリ類ほど用意周到に作られたものは他に類がないだろう。土中に産むトノサマバッタ、キリギリスなどの卵は、外界から水分を吸収しないと発育を全うできない。カマキリの卵は乾燥に強く、外から水分が供給されなくても何の問題もなくふ化できる。ハラビロカマキリは主に樹木の幹に産卵する。その卵包には外気温の変化に対応する仕組みが備わっている（図Ⅰ-19）。卵包の表皮の下に空気の層が用意されている。樹皮の色に似た卵包は直射日光に照らされると内部の温度は相当上がるはずだが、空気の層を持つことによっ

図Ｉ-19　ハラビロカマキリの卵包：（表皮の
　　　下に空気の層がある（矢印））

て、魔法ビンのように内部の温度変化は少なく保つことができると考えられる。

　カマキリは卵包を産卵場所に付着させるのが基本で、オオカマキリだけが植物の茎や枝を挟むように進化したと考えられる。オオカマキリは付着させて生むこともできるが、野外で何かに付着させていた卵包は例外的にわずかにみられる程度である。挟んで産むには産み付ける場所の植物の茎や枝の直径を測る能力がなければならない。挟んで産めば卵包は植物の一部のようになるだろう。オオカマキリが植物の生えている場所に生息し、その植物に産卵することができる。すなわち、オオカマキリの生息している場所が、そのまま産卵場所になると考えられる。それに対して、チョウセンカマキリやコカマキリなどは生息地と産卵場所とは同じではない場合が多い。ハラビロカマキリは樹上に棲み、産卵時には幹まで下りてくる必要があるだ

ろう。チョウセンカマキ
リは草や木にも産卵できる
が、多くの♀成虫は物陰に
移動して植物のほかにテト
ラポット、U字管、石、板塀、
自然石の石碑などに産卵す
る。ウスバカマキリ、コカ
マキリは身を隠せる場所に
移動して産卵する。青森県、

図Ⅰ-20　スノコの下のコカマキリの卵包

茨城県および千葉県では、コカマキリの越冬卵包が放置されたスノコの
下側から見つかった(図Ⅰ-20)。また、コンクリートブロックなどにも見
られる。

　カマキリが産卵に要する時間は長く、その間に鳥などの外敵の攻撃を
避けるために目立たない場所で産卵する。オオカマキリがススキの穂や、
セイタカアワダチソウの花などの外敵から見つかりやすいと思われる部
位に産卵した例は1度も見たことがない。産卵時刻も10:00〜16:00が多
く、鳥の活動がそれほど活発でない時刻に産卵する。ハラビロカマキリ
は樹木の幹のような外から見える場所で産卵するが、多くの場合夜間に
産卵するようだ。また、オオカマキリとチョウセンカマキリは頭を下に
して、つまり逆立ち姿勢でするのが普通である(口絵Ⅰ-2参照)。もちろ
ん真横でも産卵できるし、飼育条件下では頭を上にして産卵した例が8
回あった。チョウセンカマキリはオオカマキリよりも頻繁に横向きや頭
を上にして産卵する場合が見られる。ウスバカマキリは産卵の姿勢に偏
りがないようで、頭を上向き、逆立ち、横向き、いずれの状態でも産卵
する。コカマキリは横向きで水平に産卵する場合が最も多い。

　カマキリは雨の降る日には産卵を避け、晴れた日の昼に産卵する種が
多い。また、実験室で長く交尾させずに産卵を遅らせようとすると、交

尾終了後直ぐ、または翌日に産卵することがよくある。つまり、カマキリは産卵のタイミングを数日の範囲内で自ら調節できるようだ。卵巣内で完成した卵を、すぐに産卵することも数日間体内に保持することもできる。卵は輸卵管を通過する過程で精子が進入し受精することで、そこから胚発生がスタートする。ヒトでは、母親が子供を産む日時を自分で調節できないが、カマキリは産卵する日時をある程度の範囲内で調節できるようである。

11　カマキリが先か? 卵が先か?

　ニワトリが先か、卵が先か?の議論と同じように、オオカマキリのいない所にオオカマキリの卵包は存在しないし、卵包がなければ成虫は出現できない。オオカマキリの発生が認められない所に、その近くの場所から4月ころに採集した卵包を置けば、容易に発生地にすることができる。

　2005年4月山形県朝日町で採集したオオカマキリの卵包3個を、宮城県白石市の自然豊かな庭の広い一軒の住宅地に移したところ、それ以後2020年まで毎年発生を続けている。白石市にはオオカマキリが普通に生息しているが、その住宅地の庭には2005年以前にはオオカマキリが発生したことは一度もなかった。また、弘前市のオオカマキリの発生が認められない場所に、市内の他の場所から採集した卵包を春先に数個ばらまいておくと、容易にオオカマキリが成虫まで育ち新たな卵包が見られるようになる。卵包の代わりにふ化幼虫を、分布が認められない場所に放してもその場所を発生地に変えることができる。

　自宅の裏庭にあるカマキリ飼育室から1齢幼虫が私の身体に付いて、母屋に運ばれてきて居間、台所、寝室などで見つかったことが何十回もある。このように、ヒトに付いて運ばれるのだから、野外でもキツネ、

タヌキ、イノシシや鳥などに付いて他の場所に運ばれて分布拡大する可能性は十分考えられる。それでも一番起こりうる分布拡大は、生息地から♀が移動することであろう。オオカマキリの♀成虫は立派な翅があるが、他の昆虫とは違って飛翔があまり得意ではない。羽化後25度での飛翔能力の変化を、垂直に投げ上げた位置から、落下した時の移動距離から判定すると、羽化後4日ごろまではほとんど飛ばず、5〜15日は結構飛ぶことがわかった。草や背の低い木を伝わりながら数メートルずつ飛んで移動できる。♀成虫は卵巣発育に伴って腹部が肥大すると飛べなくなり、歩行による移動だけになる。一方、♂は羽化直後を別として、いつでも飛翔できる。オオカマキリの♂が4階建てのビルの屋上まで飛んで来たのを見たことがある。また、ウスバカマキリの♂は一気に100 m以上も飛ぶことができる。

　オオカマキリ、チョウセンカマキリ、コカマキリなどの体サイズ、脱皮回数などに遺伝的な地理的多様性が見られることからも移動力は大きくないことがうかがえる。たとえば、全国での卵包採集の経験から、愛知県や三重県のオオカマキリの卵包の表面は、焦げたように黒ずんでいるものが多いことがわかってきた。たぶんこれは遺伝的形質だと思われる。一方、近隣の静岡県や奈良県では黒ずんだ卵包は見られない。このことは、オオカマキリの分散力があまり大きくない一つの証拠と言えるだろう。

12　カマキリの棲み分け

　カマキリはたぐいまれな戦いに強い昆虫である。カマという武器を持っているからである。体サイズがほぼ同じなら、大方の昆虫にも負けずに相手を捕らえて食べてしまう。ただし、ふ化幼虫や若齢幼虫の間は、カマキリより大きな相手に負けて捕食される。オオカマキリを飼育する時、

4齢以前はイエコオロギの成虫と一緒にすると、カマキリがコオロギに食われてしまう。コオロギは雑食性で植物をよく食べるが、肉食もする。私はコオロギにニンジン、タンポポなどの植物とドッグフードを与えて飼育している。どの種のカマキリも、イエコオロギだけ与えて成虫まで飼育できる。ただし、与えるコオロギの大きさをカマキリの発育が進むにつれて、小さい若齢のものから大きいものへと変える必要があり、コオロギの成虫を与えるのはカマキリが終齢幼虫以後になってからにしている。

　沖縄ではオキナワオオカマキリが一番大きくて一番強いが、このカマキリは休眠期がないので休眠期のあるチョウセンカマキリとは、ふ化期がずれて競合する機会は少ないだろう。九州以北ではオオカマキリが一番大きくて強い。体サイズと強さはほぼ比例すると考えて間違いない。そこで、オオカマキリ以外のカマキリは、オオカマキリと同所的に生息するのは生存上不利になると考えられる。実際にそれを支持すると思われるような種ごとの棲み分けがみられる。

　私の観察では九州以北に生息するカマキリの中で多少なりとも生息地に重なりが見られるのはオオカマキリとチョウセンカマキリで、鹿児島空港の近くで同じ草地に、また香川県高松市でも同じところに両種の成虫が生息していた。両種の卵包が同じ植物に付着していることもある。長野県佐久市でブルーベリーに、千葉県君津市ではウツギに、福島県白河市ではユキヤナギのそれぞれ同じ株に、両種の卵包があった。両種は形態も似ていて、生息地もしばしば重なるようだが、多くの場合、棲み分けもしている。耕作中の水田にはチョウセンカマキリが生息するが、オオカマキリはいない。その理由は、水田にはオオカマキリの産卵場所がないことである。植物の茎を挟んで産むオオカマキリにとっては腹部の肥大した♀がイネに上るには茎が細すぎるし、仮に産卵してもイネは刈り取られてしまうのでカマキリの卵は残らない。チョウセンカマキリ

はオオカマキリほど♀の腹部が肥大しないので身軽に移動できる。石、
U字管などのコンクリート、資材置き場など水田周辺にはチョウセンカ
マキリの産卵場所が結構ある。

　ハラビロカマキリは樹上に生息するのでオオカマキリやチョウセンカ
マキリとは競合しない。ウスバカマキリは草丈の低い草地、海岸など太
陽光が地面まで降り注ぐ明るい所に生息する。日本のウスバカマキリは、
以前は普通種だったのに最近は生息密度が低下し、絶滅危惧種になりか
けている。その理由は、津軽昆虫同好会代表の市田忠夫さんによると、
農業や運送に牛馬が役畜として活躍していた時代には、ウスバカマキリ
は採草地や放牧地など、草丈の低い原っぱに好んで棲んでいたが、近年
ではそうした環境がほとんどなくなったためだ、と述べている(陸奥新報,
2016)。これは正解だろう。

13　カマキリの発育零点

　どんな生物でも発育や活動するためにはある一定以上の温度を必要
とする。変温動物では、それ以下では発育が進まない温度を発育零点
(developmental zero)という。多くの昆虫は10度前後である。しかし、
セッケイカワゲラは雪の上を歩くし、私が冬の間にカマキリの若齢幼虫
の餌にしているミズトビムシは0度付近で、活動し水に飛び込んでくる。
日本に生息する多くの昆虫やダニなどの発育零点に関する総説が出版さ
れている(桐谷, 1997)。カマキリの発育零点は日本に生息する昆虫の中で
最も高いだろう。つまり、高い温度でないと発育できず、低温では生き
られない昆虫と言える。オオカマキリの卵は25度では36日でふ化する
が、20度では106日かかる。ウスバカマキリでは25度では33日、20度
では99日でふ化する。卵の発育零点は両種ともほぼ18度になる(図Ⅰ-
21)。卵の発育零点が18度と高い昆虫はカマキリの他に知られていない。

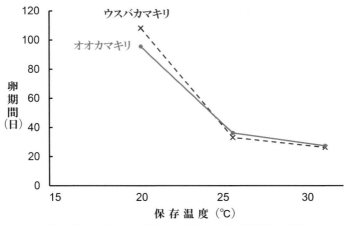

図Ⅰ-21　オオカマキリとウスバカマキリの胚発育と温度

また、ふ化から20度で飼育すると、オオカマキリを始めチョウセンカマキリ、ハラビロカマキリ、コカマキリ、ウスバカマキリのどの種も4齢ころまでは何とか育つが、羽化前までに死亡してしまい成虫まで発育できた例は一度もない。このことは、若齢幼虫の方が終齢や亜終齢幼虫よりも低温耐性が強いことを示唆している。だから自然界では、ふ化幼虫は春の低い温度でも発育を始められるのだろう。カマキリはどの種も高い気温を好み、寒いのは苦手のようである。

　東北地方では10月になると温度が急激に低くなる。その季節になると、日の当たる場所で温まったコンクリート、アスファルトの道路、建物の壁などに、オオカマキリが日向ぼっこをしている姿が良く見られる（口絵Ⅱ-7参照）。どの種のカマキリも産卵能力は高いのに、晩秋に温度が低下するため数回しか産卵できない。青森県のオオカマキリは25度で飼育していると平均4.3回産卵できるのに、野外では1回か2回で、平均1.7回しか産卵できない。ウスバカマキリとコカマキリも25度で8回も産卵できるのに、野外では2～3回しか産卵できない（表Ⅰ-8）。野外では寿命がつきて死亡するのではなく、寒さが厳しくなって餌も取れなくなって死

表 I-8　カマキリ類の産卵回数（25℃）

種名	産卵回数		
	平均	最多	野外条件
オオカマキリ	3.4	6	1.7
チョウセンカマキリ	4.0	6	-
ハラビロカマキリ	3.8	5	-
コカマキリ	6.7	11	-
ウスバカマキリ	6.4	10	2.0

25℃,LD16:8

亡するのだと考えられる。もし、温かさが続くならカマキリは長く生きて、もっと卵包を残すことができるであろう。青森県のオオカマキリを野外で10月に採集して25度で飼育を続ければ1月ごろまで生存し産卵も続く。岩崎(1996)によると大阪でも野外でのオオカマキリの産卵回数は1〜3回程度という。南のカマキリの種は産卵回数が北のものより多いと思われる。沖縄や小笠原諸島なら、捕食されない限り寿命を全うできるだろう。

14　カマキリの体色

　昆虫にとって体色は重要な意味を持つ。毒を持つドクガやハチなどは目立つ色を持ち、そのような体色は「警戒色」と言われる。日本に生息するカマキリの体色は、生息地では目立ちにくい「隠蔽色」が多い。生息地に溶け込んだような体色は、天敵に見つかりにくく、自らも捕食する昆虫などに警戒させないという利点があるため、そのように進化したのであろう。カマキリの体色は種によって異なるだけでなく、♀♂によって、また発育ステージによっても変化して複雑である。オオカマキリ、チョウセンカマキリはともに、ふ化直後は卵黄色だが1時間以内に褐色になり、1齢の間は全て褐色型である。栃木県那須塩原市産のオオカマキリを、実験室で飼育した場合の発育に伴う体色の変化を示した（図 I-22）。2齢

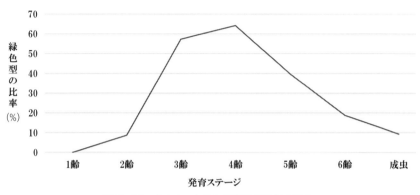

図Ⅰ-22　オオカマキリの発育に伴う体色変化
オオカマキリ（栃木県産）の発育に伴う体色変化（N=206 ～ 86）

になると一部緑色型が現れ、2齢以後の幼虫期は♀♂とも褐色型・緑色
型の両型が見られる。3、4齢では緑色型が過半数になる。5、6齢ではま
た褐色型が増加する。♀成虫は緑色型と褐色型の両方が見られるが、♂
成虫は緑色型に近い体色でも、一番目立つ前翅背面まで緑色の個体、つ
まり完全な緑色型は見られない（口絵Ⅱ-4参照）。チョウセンカマキリも
オオカマキリと同様に、ふ化から羽化まで発育に伴って褐色型と緑色型
の比率が変化する。♂成虫に緑色型が見られないのも、オオカマキリと
同様である。♀♂によって体色の出現率が異なることは、性染色体上に
ある遺伝子も関与している可能性を示しているのだろう。

　同種の中に2つの異なる体色があることには、危険分散の意味がある
と考えられる。つまり、カマキリに複数の体色がある方が、天敵による
慣れを回避して捕食率を低下させる効果が期待でき、逆に鳥などの天敵
によって緑色型と褐色型の出現頻度に淘汰がかかることによって、背景
色の変異が維持されている可能性もあるのだろう。ハラビロカマキリの
場合、成虫は♀♂とも緑色型が多いが、褐色型もみられる。ウスバカマ
キリは秋田県能代市で採集した♀1、青森県つがる市で採集した♀2♂
3は全てが緑色型であったが、飼育では緑色型のほかに、褐色型、ピン

クや黄金色も出現した。山形県中山町産のコカマキリを飼育しているものから緑色型の♀が出現したが、その♀が産んだ卵からふ化した幼虫を100個体余り飼育したところ、緑色型は全く出現しなかった。また、栃木県那須塩原市産のコカマキリを飼育してえた70個体のうち緑色型の♀成虫が一頭だけ現れた。コカマキリは他のカマキリよりも地表近くに生息していることから大部分が褐色型で、ごくまれに♀に緑色型がみられる（口絵Ⅳ-12参照）。

　以上のように、カマキリの体色は褐色型と緑色型を基本とするが、種による違い、発育ステージによる違い、♀♂による違いなどが見られ複雑である。メンデルの遺伝の法則に従って体色が決まるわけではなく、背景の色彩に強く影響を受けて決まるわけでもない。カマキリはどの種も共食いを避けるために、幼虫期を通して集団で生息することはなく、単独行動をとる。したがって、生息密度の高低による体色変化は考えにくい。また、年1世代の発生で卵越冬なので、幼虫期は日長の長い間に当たり、晩夏に成虫になり秋に産卵する生活史を営むため個体ごとに大きく異なる環境下に置かれることは少ない。カマキリの体色発現には遺伝と環境が複雑に関与しているようだ。体色の制御の仕組みについては将来の興味深い課題となるであろう。

15　カマキリの隠蔽色、擬態、威嚇行動

　モンシロチョウの幼虫であるアオムシはキャベツやハクサイに付いていると、葉の色とそっくりでなかなか見つけることができない。ほぼ生息環境に埋没して鳥などの天敵から身を守ることができるので保護色と呼ばれる。アオムシもカマキリも生息環境に溶け込んで、自身を目立たなくする点では隠蔽色ということで説明がつくと思われる。しかし、将来この仮説を調べる実験がなされることを期待したい。

図Ⅰ-23　ハナカマキリ

東南アジアに生息するハナカマキリ類は、ランの花の上に生息しているわけではないらしいが、ランの花に擬態し、自らランの花そっくりになった(図Ⅰ-23)。ハナカマキリは英語で orchid praying mantis といいランの花と見間違えて吸蜜に訪れるハチ、アブ、ハエなどを効率的に捕食するための究極的進化と言える。

ハナカマキリは色と形態から判断すると、終齢幼虫がもっともランの花に似ている。成虫が終齢幼虫ほどランの花に似ていないのは、飛翔機能を優先するするために翅の構造を花に似せることが難しいのかもしれない。また、幼虫では花弁のように平たくなっている腿節が大きく発達しているが、大きすぎる腿節は飛翔には都合が悪いのだろう。飛翔機能を優先することによって、成虫は行動範囲が広くなり、幼虫に比べて積極的に餌が得やすくなる。また、ハナカマキリのふ化幼虫はオレンジ色で脚は黒く、その姿は、なんと悪臭を放つサシガメに擬態している。捕食を逃れるための適応色彩と思われる。同じく東南アジアの林床や樹林に生息するカレハカマキリやヒシムネカレハカマキリは枯れ葉に擬態している。カレエダカマキリなどは枯れ枝そのものに見える。

コカマキリのふ化直後の幼虫は黄色だが、30分ほどで黒色に変わり、その体型と歩行様式からアリに擬態しているようである(図Ⅰ-24)。ハラビロカマキリでは1齢の時は全身に小さな黒点を持つ緑色である。ハラビロカマキリとコカマキリの幼虫はシャチホコのように尾端が反り返り、

図I-24　コカマキリのふ化幼虫

頭と尾を逆に見せているのだろう。より大切な頭を保護し、尾を頭部に見せて外敵に攻撃されたときに、とっさに逆方向に逃げる技であると考えられる。

　外敵に襲われたときに死んだふりをする擬死も中型、小型のウスバカマキリやコカマキリで時々見られる。腹側を上にしてひっくりかえり1時間でも、2時間でも微動だにしない(図I-25)。擬死を装う昆虫は甲虫などで

図I-25　コカマキリの擬死

も見られるが、カマキリほど長時間続ける例はないだろう。飼育をしていると、死亡したと思って捨ててしまうことになりかねない。また、ハラビロカマキリやオオカマキリは翅と鎌を立てて威嚇姿勢をとることもある。

16　カマキリの驚くべき生命力

　アリジゴクやクモ等の待ち伏せ型の生物などは、しばらく餌が得られないときでも、絶食に耐えて長く生きることが知られている。オオカマキリのふ化幼虫は、25度で何も食べさせなくても、水だけで平均6日生きる。水分を与えなくても5日間も生きる。♀成虫は水だけで60日間生存できた。水分なしでは30日の生存になった。カマキリは水が必要であるが、自然界では雨や夜露から吸水できるので、水分不足で困ることはないだろう。また、生きた餌を捕食することによって餌に含まれる水分を摂取することができる。オオカマキリ成虫の頭部を切断しても何日も生き続ける。25度で♀は20日、♂は10日間生存できた。そして、振動を与えたり、水をかけたりすると頭部がなくても歩行するし、カマを振りかざす。頭がないのに、私が手でつかまえると鎌で私の指をはさむ。そして、無傷のカマキリと同じように、鎌は強力で、つかんだ指を離そうとしないので、痛いだけでなく、こちらがパニックになる。

　頭部を切断したコカマキリの♀も23日間生き続けた。このように、頭部がなくても生き続ける動物がカマキリの他にいるだろうか？ 頭部を切断したら普通の昆虫は体液が出てしまって、短時間で死亡するだろう。カマキリには断頭しても体液が漏れにくい特別な仕組みがありそうだ。カマキリの生命力、恐るべし！ なお、断頭♂は交尾する場合もあるが、断頭♀は交尾したり、産卵したりすることはなかった。

17　カマキリは集まって産卵する？

　自然界でオオカマキリの卵包は一様に分布するのではなく、日当たりが良くて風当たりの少ない所に高密度で見つかる。越冬卵包がたくさんあることは、その場所に産卵期の♀が高密度に生息していて多くの卵を産んだからであろう。オオカマキリの越冬卵包を各地で採集して気付くのは、一個見つけたら必ず近くにいくつかの卵包があることだ。だから1つ見つけたらしめたものなのだ。青森県の青森市、弘前市、黒石市、長野県佐久市、茨城県つくば市と桜川市、千葉県君津市と富津市などで、いずれも 10 アールたらずの場所で 30〜50 個ものオオカマキリの卵包を観察している。また、青森市では一株のススキに 8 個（図Ⅰ-26）、他の場所でも一株に 5 個ついているものなら 4 回見つけたことがある。ハラビロカマキリでは新潟県三条市で1 本の柿の木に 8 個の卵包が見つかり、山形県中山町では 1 本の柿の木に立てかけた 2 枚の板にコカマキリの卵包を 7 個発見したことがある。2011 年 9 月に弘前市一ノ渡の 330㎡ほどのオギ原（図Ⅰ-27）で 25 個体のオオカマキリの♀成虫が見つかった。また、その場所で 10 月末には 31 個の卵包も見つかった。冬季に鳥や他の天敵に攻撃されないと仮定し、弘前の卵包当たりの平均卵数 176.2 個（20卵包の平均）と、野外での平均産卵回数 1.7 回から算出すると、翌

図Ⅰ-26　ススキに産卵されたオオカマキリの卵包（1 株に 8 個の卵包（4 個はかげにある））

図Ⅰ-27　オオカマキリの生息地（弘前市）

年の春には約7,500個体がふ化することになるだろう。しかし、それら
の多くの幼虫は鳥、トカゲ、カエル、クモ、アリなどの各種天敵に食べ
られ、あるいは、先にふ化した同種のカマキリに共食いされるものも相
当いるはずで、実際には毎年似た数の成虫が出現するのだろう。

　2007年9月に交尾済みの♀をカゴに入れて弘前市の野外に置いたとこ
ろ、カゴの上に別の♀が来ている光景を、5回も目撃した（図Ⅰ-28）。♀
が来るのは昼間だけであり、何時間もカゴに乗っていた。また、カゴを

図Ⅰ-28　交尾済みのオオカマキリ♀のカゴに野外の♀がくる（2008年9月上旬）

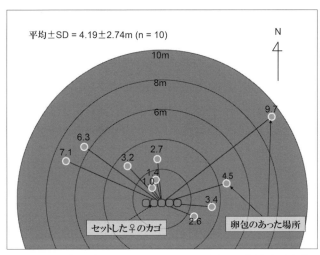

図Ⅰ-29　交尾済みのオオカマキリ♀の近くに野外♀が産卵
（2007年11月下旬）

設置した周囲に7個の野外成虫の卵包があった（図Ⅰ-29）。オオカマキリ
の♀成虫は産卵場所に集まる習性があるようだ。♀を入れたカゴの上に野
外の♀が来たことから、オオカマキリの♀に性フェロモンとは別に、昼に
分泌される集合フェロモンがあるのではないかと考えられる。ただし、オ
オカマキリの場合、クリオオアブラムシが越冬卵を産むためにクリの木に
大集団で集まったり、テントウムシが越冬地に群がる場合とは異なり、個
体どうしは接することはない程度の緩やかな集まりで、産卵する日時も♀
個体によって異なるようだ。オオカマキリが集合フェロモンによって集ま
る可能性については Hurd（1999）も触れているが、実際に同定にまでは
至っていない。カマキリの近縁種であるゴキブリが集合フェロモンによっ
て集団を作ることは良く知られている（石井, 1969）。もし集合フェロモン
を使って集合する性質があるとしたら、なぜカマキリは産卵のために集
合し、実際に過剰とも思われる数の卵を同じ生息地に産むのだろうか？
その生態的意義については、後に触れることにする（199ページ参照）。

18　カマキリの休眠性

　温帯に生息する大部分の昆虫は、ある決まったステージで休眠する。休眠しないで発育が進んでしまうと冬の寒さに耐えられないからである。冬の低温に遭遇している間に休眠から覚め、春暖かくなると発育が再開される。ところがオオカマキリ、オキナワオオカマキリ及びウスバカマキリには卵期に休眠がなく、冬の低温で発育が抑えられている状態で越冬する。青森県のオオカマキリの♀は、9月中旬までに1回目の産卵を済ますことができれば、10月にもう1回産卵できる。9月下旬以後に1回目の産卵をすると、気温の低下のため2回目の産卵は難しくなる。産卵日から卵包を25度に保存すると、ほぼ全ての卵が36日でふ化する。ふ化は午前中に一斉に起こり、1卵包からふ化する大部分は同じ日の同じ時刻に出てくる。だだし、1～2日遅れてふ化する卵も一部見られる。同じ25度でも南方のオオカマキリほど卵期間が長くなる。鹿児島や宮崎県産の卵は40日でふ化する。発育零点が北のカマキリは低く、南では少し高いからである。

　弘前市で採集した卵包を12～翌3月に室内で同時に25度に加温すると卵包ごとに大きくばらついてふ化する（図Ⅰ-30）。早く産卵されたものは秋のうちに発育が進むので春に加温すると早くふ化し、秋遅く産卵されたものは年内にほとんど発育が進まないので、春に加温してからふ化まで長い日数が必要となる。実際に、実験室で飼育しているオオカマキリが9月初めから10月末までに産んだ卵を、それぞれの産卵日に野外に移し、12月に同時に25度に加温すると産卵日の早いものほど早くふ化し、産卵日が遅いものほど遅くふ化することがわかる。このことは、他の多くの昆虫の場合と異なり、オオカマキリの卵がかなり広い範囲の胚ステージで越冬できる、つまり冬の寒さに耐えうる能力があることを示唆している。

　ウスバカマキリについては、青森県つがる市と秋田県能代市で2016年9月に採集した成虫が産んだ卵を、25度に加温すると平均33日で一斉に

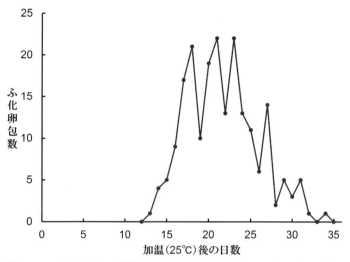

図Ⅰ-30　オオカマキリ（弘前産）の卵包を加温（25℃）した時のふ化のばらつき

ふ化した。ふ化幼虫から飼育した成虫が産んだ卵も、同様に33日でふ化するので、ウスバカマキリも休眠がないことが明らかになった。

　オキナワオオカマキリも卵期に休眠がなく、25度で約40日でそろってふ化する。沖縄県は冬でも温暖なので、休眠がなくても低温障害の問題はないのだろう。これら3種のカマキリの中でオオカマキリとウスバカマキリは、ともに北海道南部まで生息している。なぜ休眠がないのに冬の低温に耐えられるのか？　第一の理由は卵包の構造だ。多くの昆虫は植物の葉や枝等に卵を直接外気に触れるかたちで産むが、カマキリはどの種も卵がタンパク質の外皮で完全に覆われ、外気に直接触れないため、いわば毛布に包まれて越冬している状態なのだ。その卵包構造により低温、乾燥、直射日光、風雨などに耐えるだけでなく天敵の攻撃からも物理的に卵を守っていると思われる。

　また、オオカマキリとウスバカマキリは卵期に休眠がないので、産卵された直後からふ化までの間、発育零点以上の温度を全て無駄にすることなしに胚発育に利用することができる。ただし、青森産のオオカマキ

リの例を見る限り、ふ化前10日以内まで成長して越冬した卵包は確認できなかった（図Ⅰ-30）。オオカマキリは冬前に越冬できないふ化直前の胚ステージまで発育しないように日長を読み、産卵開始が秋に来るように調節している（36・37ページ参照）。このように♀親による産卵開始時期の調節は、休眠のないオオカマキリの越冬と繁殖に重要な役割を果たしているのだろう。一方、チョウセンカマキリなどは卵期に休眠があるので、その間に発育に適する発育零点以上の温度があってもそれを利用することはできない。

　発育期のどこかのステージで休眠があれば、発育に不利な低温、乾燥、餌不足などを回避できるかもしれないが、一方休眠している間は有効温量の一部を使えないという不利が生じる。オオカマキリとウスバカマキリは卵ステージに休眠期がないことで、発育に使える有効温量を全て利用することができた結果、北海道南部まで分布を拡大できたと考えられる。また、休眠は不適な環境に耐えるためにあるが、もう1つの理由は休眠期を持つことで発育をそろえる効果があることである。すなわち、ある決まったステージで越冬すれば、春の出現期や羽化時期が揃うことから、交尾の同期化が起こり、生存上有利になる。ところが、オオカマキリやウスバカマキリは捕食性で共食いもするため、発育の同期化はむしろマイナスに作用するので、休眠性が進化しなかったのだと考えられる。

　オオカマキリの過冷却点（氷点以下になって体液が凍結し始める温度）は−18〜−20度であることが宮城学院女子大の田中一裕教授によって解明された（未発表）。これは卵に温度センサーが触れている状態でフリーザーに入れ少しずつ温度を下げていき、卵が凍る温度を測定したのだ。卵が凍ると瞬間的に温度が少し上がるのだが、この時の温度を過冷却点として記録する。水は凍る時1g当たり80カロリーの熱を放出する。卵も凍ると卵中の水分が凍って熱が出るのである。実際に冷蔵庫の冷凍室（平均−18度）にオオカマキリの卵包を入れると、12時間までは生きてい

るが、20時間で死ぬ。その点から、最低気温が−18度以下になる地域では生存できないと考えられる。加えて、オオカマキリは年1回発生なので、10年あるいは20年に1回であっても−18度以下の極寒に会う地域では生息が困難になる可能性が高い。移動能力が高くないため、現在生息している地域から容易に移動することができないうえに、最低気温の壁に阻まれ、オオカマキリが北海道の旭川、北見、帯広、釧路などに侵入し分布を拡大することは当分不可能と思われる。ただし、−18度以下の気温でも卵包が雪の中にあれば0度ほどに保たれるので、死なずに越冬できる可能性はまったくないわけではない。温暖化がさらに進行すれば、旭川などでも分布できるようになる可能性はあるだろう。

19　カマキリの地理的多様性

　日本列島は南北に長く、沖縄から北海道までの緯度差はアラスカ州を除いたアメリカ合衆国の大陸部に匹敵する。緯度が高くなるにつれて年平均気温は低下し、昼と夜の長さの季節変異も大きくなる。北半球では生物の使える有効温量は北で少なく南ほど多い。その有効温量の地理的多様性に対して、ショウジョウバエやモンシロチョウなどは年発生回数を北で少なく、南に向かうにつれて多くすることで対応している。一方、エンマコオロギ(Masaki, 1967)は、どこでも年1世代発生ながら発育期間を北で短く、南に向かうにつれて長くすることで生息地の気候に適応している。カマキリは生息地の気候にどのように対応しているだろうか？なお、カマキリはどの種も発育限界となる低温が、一般の昆虫よりも著しく高く、気温が低く風当たりの強い場所に生息することを好まないので、日本では高山帯に生息することはほとんどない。したがって地理的な生活史の適応様式を考える場合、標高差はそれほど問題にはならない。
　オオカマキリは日本に生息するカマキリの中でも分布範囲が広く、し

表Ⅰ-9　オオカマキリの生息緯度と生活史形質の多様性

北	←	比較項目	→	南
遅い		ふ化時期		早い
早い		羽化時期		遅い
早い		産卵時期		遅い
少ない		脱皮回数		多い
短い		幼虫期間		長い
短い		卵期間		長い
早い		発育速度		遅い
小さい		成虫サイズ		大きい
小さい		卵包サイズ		大きい

かも生息密度が最も高い。カマキリと言えばオオカマキリのことだと思っている人も多い。

　北から南に向かうにつれてオオカマキリの生活史形質がどのように変化するかを示した（表Ⅰ-9）。どの地域でも年1化なので、各地で生息地の環境に応じた生存上最適な生活史を繰り広げているのだろう。2014年3月28日、高知県伊野町波川でふ化卵包を発見した。一般の昆虫は卵からふ化すると1齢幼虫になるが、カマキリはふ化した時は薄い皮をまとった「前幼虫」で、卵包の外に出ると直ぐに、もう一度脱皮して1齢幼虫

表Ⅰ-10　オオカマキリの齢数の地理的多様性

原産地	齢数
函館	7<5<6
弘前	7<6
碇ヶ関（平川市）	7<5<6
福島	7<6
新潟	7<6
富津	8<7
下田	8<7
津	8<7
宮崎	8<7
鹿児島	8<7

図Ⅰ-31　青森県弘前市(左)と千葉県君津市(右)のオオカマキリ成虫と卵包サイズ

になる。だから、卵包の表面に前幼虫の抜け殻が付いていれば、ふ化したことがわかる。翌日、持参していた卵包からも幼虫がふ化したので、高知県では3月下旬にはふ化が始まることは確かである。東北地方では5月から6月下旬までふ化が続く。幼虫期の脱皮回数は5〜8回で地理的に変化する(表Ⅰ-10)。同一地域でも、脱皮回数にばらつきがある場合もあるが、北日本は主に幼虫は6齢型で西日本では7齢型である。四国や九州産は8齢型も出現する。千葉県産と青森産のオオカマキリを同じ飼育条件下で飼育しても、原産地が北なら成虫サイズ小さくなり、小形の卵包を造る(図Ⅰ-31)。

　また、野外採集の卵包からふ化する幼虫数は、函館から宮崎まで採集地の緯度が低くなるのに比例して多くなった(図Ⅰ-32)。オオカマキリの卵包当たりの平均ふ化数は、函館の166、弘前の176、高知の285、宮崎の293など採集地の緯度が低くなるにつれて増加した。つまり、気温の高い地域に生息するオオカマキリほど体サイズが大きく、大きな卵包を産んだ。なお、沖縄県石垣島産の近縁種オキナワオオカマキリの卵包4個からのふ化数は297、337、339、424で、平均349.3個であった。各地における有効温量の違いに対応して成虫サイズが変わるのは、発育可能な季節の長さに応じて生息地ごとに最適になるように自然選択が働いた結果である。

　羽化期は北で早くなる。秋が短く早く寒くなるので、産卵を早めた方が有利である。一方、南では産卵が早すぎると、年内に不時発育してふ

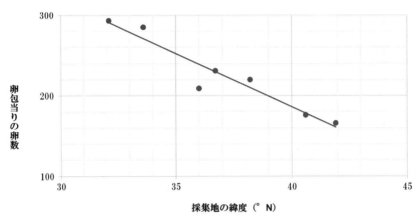

図I-32　オオカマキリの卵包当たりのふ化数の地理的多様性

化してしまう危険がある。南のカマキリは、冬前にふ化しないよう遅く
産卵する方が有利であろう。脱皮回数が多いと成虫の大きさが増して卵
生産に有利である一方、羽化が遅れて産卵が遅くなって子孫を残せない
危険が生じる。同一地域でも脱皮回数の異なる個体が混じるのは、年に
よる気温の変動に対応できるよう、危険分散をしているのだろう。なお、
30度で飼育すると25度より齢数が少なくなる傾向が見られた。それは
遅くふ化するほど自然界では気温が高い時期に育つことになり、高温が、
残る発育期間が短いことを告げるシグナルとなり、羽化を早めてふ化の
遅れを取り戻す意味があるだろう。また、カマキリは日長に応じて発育
を調節している。夏至を過ぎると日長が徐々に短くなり、発育の遅れた
ものほどより短日条件下で育つことになるので、羽化を早めることにな
るだろう。

　苗木に付いて卵包が運ばれるなど、人為的に他の場所へ運ばれること
はあるだろう。その際、緯度がそう違わない場所や、近隣地への移動な
らば定着は容易である。

　では大移動させたらどうなるか？　2008年の春に弘前市の野外で宮崎

図Ⅰ-33　産地の異なるカマキリの孵化調査（弘前）

県高鍋町産のオオカマキリとハラビロカマキリのふ化調査を行った。具体的には昆虫採集用の網に卵包をいれて地上1mほどの高さの竿に吊り下げて、ふ化数を毎日午後に調査した（図Ⅰ-33）。カマキリのふ化幼虫はすばしこく逃げ足が速いので、いくら注意して作業をしても一部は逃げられる。秋になって弘前のオオカマキリが全部成虫になった時に、自宅の庭で大きな幼虫が見つかった。また、ハラビロカマキリの幼虫もいた。両種ともカゴに入れて野外で飼育し続けたところ、10月末に成虫になったが産卵は1回もできなかった。ハラビロカマキリは青森県には生息していないので、調査中にふ化幼虫が逃亡したものであることは間違いない。結局、宮崎県の2種のカマキリは、幼虫期間が遺伝的に長すぎて青森県では1回も産卵できないことがわかった。逆に、もし青森県のカマキリを宮崎県に移動させたら、早く羽化してしまい産卵も早まるので、卵は年内にふ化してしまい越冬はできないだろう。生息地ごとに気候の違いに応じて、適応度を最適にする自然選択の結果、幼虫期間や成虫サイズに地理的多様性が進化したと考えられる。オオカマキリは宮崎県に

生息すれば宮崎県の気候に適応し、青森に棲めば青森県の気候に適応する。適応できない個体が淘汰され、それぞれの生息地に適合した個体だけが子孫を残した結果である。その地理的多様性は遺伝的なので、長距離移動して新たな場所に行けば、生存できなくなる可能性が高まると考えられる。なお、オオカマキリの宮崎県から青森県弘前市への移動は、意図して計画したものではなく、過失による逃亡を許した結果生じたことである。また、両種のカマキリは移動先の弘前では、子孫を残すことなく、2008 年以後に影響を及ぼすことはなかったことから、2010 年に成立した「名古屋議定書」に抵触することはないだろう。

　チョウセンカマキリはオオカマキリよりやや小型であるが、外形はよく似ている。沖縄県から秋田県、岩手県まで分布しているチョウセンカマキリ

表Ｉ-11　チョウセンカマキリの採集データ（2005 ～ 2019 年）

採集年月日	採集地	採集ステージ
2005年 9月 24日	岡山市	成虫
2006年 3月 27日	茨城県 つくば市	卵
2006年 9月 19日	鹿児島市	成虫
2007年 9月 17日	神戸市	成虫
2008年 9月 16日	高松市	成虫
2009年 2月 17日	長野県 佐久市	卵
2009年 4月 9日	新潟県 村上市	卵
2009年 4月 10日	山形県 鶴岡市	卵
2009年 4月 11日	津市	成虫
2011年 9月 19日	長野県 松本市	成虫
2012年 3月 28日	奈良市	卵
2013年 11月 20日	那覇市	成虫
2013年 11月 27日	新潟県 三条市	卵
2014年 1月 29日	茨城県 桜川市	卵
2014年 1月 30日	福島県 白河市	卵
2018年 9月 20日	秋田県 能代市	成虫
2019年 1月 23日	千葉県 君津市	卵

の採集地を示した(表 I -11)。卵期に休眠がある点ではオオカマキリと異なり、年 1 回発生するのはオオカマキリと同じである。成虫サイズは南のものほど大きく、北に向かうにつれて小さくなり、沖縄産のチョウセンカマキリは、東北産のオオカマキリよりも大きい。卵休眠の深さは南のものほど深く、北のものは浅い。

　例えば、岡山県のチョウセンカマキリを飼育して、得られた卵包を低温処理せずに 25 度に保存した時のふ化までの日数を示した(図 I -34)。自然界では秋に産下された卵は冬の低温に遭うので、休眠は消去される。しかし、産卵後継続して 25 度に置き続けた岡山県や秋田県産のチョウセンカマキリの卵包は、休眠のあるコカマキリの場合と同様(39 ページ参照)、一部の卵がばらついてふ化し、残りの卵は死亡した。ふ化率は低く、同じ卵包中にふ化しない死亡卵が相当数あって、結果として全体のふ化率は 50% に満たなかった。

　なお、この実験では、岡山産は休眠が深く 100 日後にふ化が始まるが、秋田県産は休眠が浅く 60 日後にふ化が始まる。つまり、休眠の深さが南の系統は深く、北のものが浅いのは、晩秋と冬の気温が比較的暖かい南

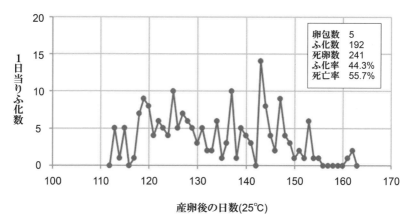

図 I -34　チョウセンカマキリのふ化 (岡山県産、25℃)

では不時発育が起こらないような深い休眠特性が選択されたからと考えられる。一方、北では晩秋と冬の気温が低いので不時発育の危険が少なく、深い休眠は選択されなかったのだろう。

　休眠卵を80日間低温処理し、その後に加温すれば、ほぼ全部の卵がそろってふ化するようになる。チョウセンカマキリの卵は、冬の寒さを十分経験してはじめて、春にそろってふ化できるのである。

　沖縄のチョウセンカマキリも卵で休眠する。2013年11月20日那覇空港の近くの瀬永島で5個体のチョウセンカマキリ♀成虫を採集し、弘前に持ち帰った。実験室で産卵させて、全ての卵が休眠することを確かめた。沖縄でも産卵のピークは秋で、年1化が主流と考えられる。岡田（2001）によると成虫は周年見られるそうで、成虫が長期間生存できることから、越冬卵の中に一部は早くふ化する卵があるのかもしれない。また、沖縄では冬でも気候が温暖で、カマキリが死に至る寒さにあうことはないのだろう。

　コカマキリの成虫サイズも地理的多様性がみられる。成虫の体サイズと幼虫期の脱皮回数には高い相関がみられる。鹿児島、宮崎県産の脱皮回数は7回、栃木、茨城や山形県産は6回、青森県産は5回であった。脱皮回数が多いほど大きな成虫になり、卵包当たりの卵数も多かった。

20　カマキリの天敵

　多くの動物は共食いを避ける方策を身に着けている。天敵昆虫の大部分は寄生や捕食する相手が限定されている。テントウムシはアブラムシを食べるが共食いは一般にしない。共食いに付いては既に述べたが、カマキリは同種内で、あるいは異種間で捕食することがごく普通に起こっているようだ。その意味でカマキリの天敵はカマキリであるとも言えるが、ここでは共食い以外の天敵に付いて述べたい。

（1）ハリガネムシ

　カマキリの腹部から糸のように細長いハリガネムシがでてくる場合がある。ハリガネムシは線形動物門ハリガネムシ綱（線形虫綱）ハリガネムシ目に属する。2008年9月16日に香川県高松市で採集したオオカマキリの♀成虫から脱出したのは体長35cmであった。2020年8月24日山形県羽黒町で採集したオオカマキリの終齢幼虫からでたものは29cmであった（図Ⅰ-35）。カマキリから脱出後25度の水中で15日間生存した。私が小学4年の頃、そのハリガネムシを2重、3重に結んで水中に戻すと、必ずほどけてしまうのが面白くて何回も結びなおして遊んだことを覚えている。当時は、カマキリに寄生することは知らなかった。ハリガネムシはカマキリの体内から脱出する時期になると、カマキリの脳を刺激する情報伝達物質を出し、ハリガネムシが産卵する水辺にカマキリを誘導すると言われている。ハリガネムシは水中で莫大な数の卵を産み、その幼虫がカワゲラ、カゲロウ、トビケラなどの水生昆虫に寄生し、それら

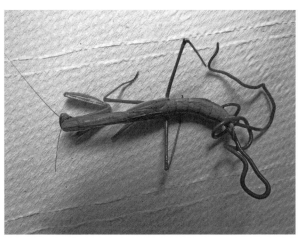

図Ⅰ-35　オオカマキリ（山形県）終齢幼虫から出たハリガネムシ

の昆虫の成虫をカマキリが捕食すると、カマキリの体内でハリガネムシが成長する。寄生されたカマキリは、ハリガネムシの脱出後に、産卵することなく死亡する。1個体のカマキリから2匹のハリガネムシが出ることもある。ハリガネムシはハラビロカマキリ、オオカマキリ、チョウセンカマキリなど各種のカマキリに寄生する。

（2）オナガアシブトコバチ

　ファーブルが『昆虫記』の中で、ウスバカマキリの卵に寄生することをすでに記述している。♀成虫には体長よりも長い産卵管(オナガアシブトコバチの由来)があり、産卵管のない♂と容易に区別できる(図Ⅰ-36)。コバチの体長は4mmで、♀はその1.4倍の長い産卵管を持つ。一般のハチ類と同様に受精卵からは♀、不受精卵からは♂が出現する。交尾した♀が産む卵から発育して羽化した総数の70%ほどは♀に、残りの30%は♂になる。先に♂が羽化し、少し遅れて♀が羽化する。人為的に交尾を阻止すると、その♀が産んだ卵からは♂だけが羽化する。野外で採集したカマキリの卵包から出現するオナガアシブトコバチは、大部分♀♂が混じっている。しかし、まれに♂だけが羽化することがあるので、野外

図Ⅰ-36　オナガアシブトコバチと脱出口

でも交尾しない♀がわずかながらいると考えられる。オオカマキリの卵包当たりの寄生率は10〜20％程度で、しかもそのハチの寄生によって1卵包が全滅することはなく、1卵包当たりの羽化数は平均23匹で、ハチが羽化した後にカマキリがふ化する。カマキリの1卵包をプラスチック容器に入れて、その中に人為的にコバチを多数放しても寄生率はさほど高くならない。コバチには、既に他のハチが産卵した卵包に匂いなどの情報伝達物質を残して、別のハチがそれ以上産卵しないような仕組みがあると考えられる。オナガアシブトコバチが脱出した卵包には、丸い小さな脱出口ができるので、その穴の数を数えると羽化数がわかる。

　弘前市周辺では2004〜2014年まで、1,000個以上の卵包を調査したのに、全くオナガアシブトコバチの寄生が認められなかった。しかし、2015年以後寄生が認められるようになり、2019年には寄生率が周辺地域と変わらなくなった。弘前市周辺に分布していない時でも、数十キロ離れた平川市碇ケ関、弘前市百沢地区、黒石市などには生息していた。それらの状況から、オナガアシブトコバチの分散力は大きくないと考えられる。現在では北海道の函館市から九州まで、どこでもオナガアシブトコバチが低率ではあるが、カマキリの卵に寄生している。

　オオカマキリに寄生したオナガアシブトコバチは、チョウセンカマキリ、ハラビロカマキリ、コカマキリ及びウスバカマキリにも寄生できる。ただし、羽化したコバチの体サイズは、オオカマキリに寄生した場合に一番大きく、他のカマキリの卵で育つと小型になった。

　興味深いのは、オナガアシブトコバチは卵寄生蜂ではなく、捕食性と考えられる点である。すなわち、カマキリの卵一個一個に寄生するのではなく、数個の卵を捕食して蛹化し、羽化すると考えられる。その根拠は、①ハチの生体重がオオカマキリのふ化幼虫の生体重の62％に達し（表Ⅰ-13）、1個の卵だけを食べたとは考えにくい。一般に、寄生者は被寄生者の20％程度の生体重にしかならない。また、②オナガアシブトコバ

表Ⅰ-13　オオカマキリのふ化幼虫とオナガアシブトコバチの乾物重

		10個体の重さ±SD	コバチ/カマキリ（%）
オオカマキリ		10.41±0.58mg	
オナガアシブトコバチ	（♀）	6.61±0.41	63.5
	（♂）	6.34±0.34	60.9

チの♀が、1回に1〜3時間オオカマキリの卵包に産卵管の位置を変えず
に挿入し続けた。産卵管が引き抜かれた直後に、隔離した卵包から羽化
したコバチの数は4〜11個体で、一か所に複数の卵をまとめて産んだの
だ。③コカマキリの卵で育ったオナガアシブトコバチはオオカマキリの
卵で育ったものより小さいが、2種のカマキリのふ化幼虫のサイズ差に
比べれば、わずかな差しかない。さらに、④コバチが羽化しカマキリが
ふ化した卵包を分解すると、コバチの食痕のあるふ化できなかったカマ
キリの卵が見つかる（図Ⅰ-37）。これらの点から、オナガアシブトコバチ
はカマキリの卵一個を食べる寄生蜂ではなく、卵包内でそれぞれ数個の
卵を食べて羽化する捕食性であると考えられる。また、75度の温湯に20
分間浸漬して死亡させたカマキリの卵でもオナガアシブトコバチは育ち、

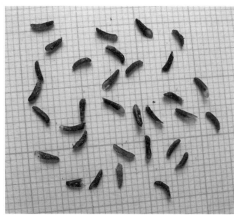

図Ⅰ-37　オナガアシブトコバチの食痕のある
　　　　　オオカマキリの卵

正常に羽化できる。その場
合のコバチの生体重は生き
ている卵に寄生した時より
も少し小型になった。
　カマキリは多くの種が九
州以北では年1回発生で秋
に産卵する。一方、オナガ
アシブトコバチは多化性で
あり、カマキリの卵以外の
寄生は知られていない。コ
バチの生活史はどうなって

いるのか？　カマキリの越冬卵を 25 度に加温すると、コバチは 12〜16 日で羽化する。25 度でオオカマキリの卵期間は 36 日だが、コバチは産卵から羽化までわずか 25 日ほどであった。春に羽化したコバチは花の蜜、甘露などを吸収し、その後、発育の遅れたカマキリの越冬卵に産卵し、もう一世代つなぐことができる。また、チョウセンカマキリやハラビロカマキリのふ化時期は、オオカマキリよりも遅いので、春に羽化したコバチの寄主になる。夏に羽化する第 2 回成虫は秋まで生存し、各種のカマキリの越冬卵に産卵できる。このようにして、オナガアシブトコバチは多化性でありながら、一化性のカマキリの卵を利用して、年 2〜3 化の生活史を営むことができる。

　なお、沖縄産のコバチは本州産より成虫サイズがやや小さく、カマキリの卵包当たりの寄生数が多く、♀の産卵管の長さに長型(9.1mm)と短型(3.9mm)の 2 型が見られる。オキナワオオカマキリのように卵包の外壁が厚い種と、チョウセンカマキリやウスバカマキリのような外壁の薄い種に対応していると思われる。沖縄産と本州産では、相互に妊性は認められない。九州大学の松尾和典博士に同定して頂いたところ、本州産は *Podagrion nipponicum*、沖縄産は *Podagrion philippinense* と判明した。

(3) カマキリタマゴカツオブシムシ

　カマキリ類の卵を攻撃する一番重要な天敵である。カツオブシムシは本来、乾燥した動物質を食べる死物寄生で、自然界の掃除屋(スカベンジャー)である。最も一般的なヒメマルカツオブシムシの幼虫は毛織物、動物標本の大害虫で、成虫はデイジーの花によくみられる。ところが、カマキリタマゴカツオブシムシの幼虫はカマキリ類の生きた卵を食べる。その幼虫はオオカマキリ、ハラビロカマキリ、チョウセンカマキリ等の卵包内で越冬し、春に蛹化した後、5 月末から 6 月に羽化する。♀成虫の触角は短く先端はこん棒状だが、♂では、くしの葉状で先が細くなっ

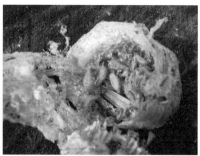

図Ｉ-38　カマキリタマゴカツオブシムシと幼虫に食べられたオオカマキリの卵包

ているので♀♂の区別は容易である（図Ｉ-38）。同じカマキリの卵包から出現する場合、♂が先に出て♀が遅れて羽化する。性比はほぼ１：１である。１卵包から出現するカツオブシムシの数が15個体以上であれば、カマキリは全滅し、10個体以下であれば一部のカマキリが捕食を逃れてふ化してくる。

　関東地方以南、福島県、新潟県には普通に分布し、山形県、秋田県では日本海側の海岸線近くで見られ、現在は秋田県のにかほ市が分布北限である。太平洋側では宮城県松島海岸駅付近が北限である。岩手県と青森県には分布していないと思われる。

　カマキリタマゴカツオブシムシの生活史を明らかにするため、カマキリのふ化が終わったと思われる2009年７月３日に福島市金谷川で、ふ化済みのオオカマキリの卵包８個を採集した。弘前に持ち帰り野外で網に入れて置いたところ、９月に８個のうち４個からカツオブシムシが羽化した。カマキリはどの種も卵がみられるのは９月から翌年の６月末までである。カマキリタマゴカツオブシムシは各種カマキリの卵包の中で、幼虫で越冬し、５月末から６月末にかけて羽化し、ふ化の遅れているカマキリの卵包やふ化済みの卵包に産卵する。その中で、幼虫態で夏を過ごし、９月に羽化してカマキリの新しい卵に寄生する。カマキリは年１化、

カツオブシムシは年2化の生活史を営んでいるようだ。オオカマキリのふ化済み卵包にカツオブシムシの♀♂成虫を入れて置くと、次世代の幼虫が育ち、やがて羽化する。カツオブシムシは抜け殻も利用できるし、75度のお湯に20分浸漬して卵を死亡させた卵包でも育つので、活物寄生と死物寄生の両方が可能であると言える。

（4）ネズミ

　弘前市の自宅そばのリンゴ園が廃園になり、草原になったところに、2005年の12月にオオカマキリの卵包120個をまとめて置いてみた。間もなく雪が積もり卵包は雪の下に埋もれた。しかし、2006年3月末に雪が消えた時に、全ての卵包がネズミに食害されていた（図I-39）。食べられた残骸のそばにネズミの糞が多数あった。また、2006年秋に採集したオオカマキリの卵包を自宅裏の物置に保管しておいたところ、やはりネ

図I-39　ネズミに食べられたオオカマキリの卵包

ズミに食べられた。物置が古く隙間があったためネズミに侵入されたようだ。物置にもネズミの糞が無数にあった。ネズミが食べた場合は卵包の外側は残し、卵は一個も残さず完食する。だから、ネズミが食べた残骸を加温してもカマキリは1個体もふ化しなかった。カマキリの卵は地上低い位置に産みつけられるとネズミに食われ、高い位置に産みつけると鳥に食われやすい。

（5）カラス

　2008年12月、オオカマキリの卵包をススキやヨモギの茎に付けたまま、自宅の庭に置いたところハシボソガラスが攻撃している所を目撃した。カラスは植物の茎に付いている卵包を口ばしで跡形もなくもぎ取ったり、卵のある部位を突っついて食べる。その食べ方は、他の鳥とは比べものにならないほど強烈だ。ツルバラに付着していた卵包が、跡形もなく消えた（図Ⅰ-40）。弘前市で2009年の12月にオオカマキリの卵包を平均160cmの高さに48個セットしたところ（図Ⅰ-41・42）、2010年3

図Ⅰ-40　カラスに食べられたツルバラのオオカマキリの卵包
枠内は食害前（左）と後（右）の様子

月末までに 30 個（62.5％）がカラスに食害された。北海道や東北北部には卵期の天敵であるカマキリタマゴカツオブシムシは分布していないが、越冬期の最大の天敵はカラスと思われる。北海道函館市、青森県青森市の大釈迦、鶴ヶ坂、野内、弘前市や平川市、藤崎町などで、オオカマキリの越冬卵が集中的に食べられていることがわかった。カラスはいったん味を覚えると、その周辺を探す習性があるらしく、捕食が確認された場所では、狭い範囲内に数個から数十個の食いちぎられた卵包が見つかる。ネズミより

図 I-41　野外の木にオオカマキリの卵包をセット

図 I-42　カラスに食べられたオオカマキリの卵包

雑に食べるので、カラスに食べられた断片を集めて、加温するといつも多少のカマキリがふ化してきた。カラスの他に、付着植物から卵包を引き離す鳥は知られていない。また、鳥による捕食は食べ物が不足する1〜3月に起こる。積雪のほとんどない地域では、鳥にとって餌を散策できる範囲は、冬でも変わらないので積雪地帯より鳥の捕食は少ないはずである。実際、積雪のない地域ではカラスによるカマキリの卵包の食害

状況を目撃したことがない。

　シジュウカラやヒヨドリなどもカマキリ類の越冬卵を食べるが、一般的には鳥類にとってカマキリ類の卵が食べられると気付くのは容易でないと考えられる。カマキリ類の卵は分泌物で覆われており、直接には外から見えない。また、卵包は植物の茎や枝の一部に見えるだろう。鳥に食べられることで種子を運んでもらう各種植物の果実の赤、黄、紫などの目立つ色とは対照的である。

(6)　モズ

　モズは昆虫やカナヘビなどを樹木のトゲに刺して食べたり、ハヤニエにして保存する習性がある。2013 年 11 月 28 日、長野市の善光寺に近い傾斜地にある住宅地で、コカマキリの♀成虫が、カラタチに付いているのを発見し、しめたと思った。それまで、野外でコカマキリの成虫を採集したことは一度もなかったからである。ところが、じっと見ていても全く動かない。なんとそれは、カラタチのトゲに刺したモズのハヤニエだった。また、1 年前の 2012 年 3 月 29 日奈良県北部にある近畿大学農学部の構内で、オオカマキリの♀が樹木のトゲでモズのハヤニエになっているのを発見した。

(7)　カマキリヤドリバエ

　ヤドリバエはハエ目ヤドリバエ科の寄生バエで、チョウ目、バッタ目など多くの昆虫の天敵である。2005 年 9 月 24 日に岡山市で採集したチョウセンカマキリの♀成虫からカマキリヤドリバエ(*Exorista bisetosa*)の幼虫が脱出し、すぐに蛹になった。蛹で越冬し翌年成虫になると、カマキリ類の幼虫や成虫の表皮に粘着性のある卵を産み付ける。卵からふ化した幼虫がカマキリの表皮を食い破って体内に入り込む。

(8) その他

　カマキリのふ化幼虫の歩行スピードは、驚くべき早さである。歩くというより飛び跳ねながら卵包からはなれる。カマキリのふ化幼虫はアリに攻撃されたり、クモの巣に掛かって食べられたり、徘徊性のオオヒメグモやコモリグモに捕食されることもある。カナヘビもカマキリの若齢幼虫を食べる。しかし、カマキリが成長するにつれて、逆にアリやクモを捕食するようになる。オオカマキリの成虫ならカナヘビでも食べるようになる。

　カマキリを飼育していて、とくに他の昆虫と違うと感じるのは、カマキリが病気にかかりにくいという点である。おそらく、カマキリが生きた動く昆虫などしか食べないことと、カマキリどうしの接触がほとんどないことから、野外でも飼育条件下でもカマキリを攻撃する病原菌が少ないことが関連しているのではないだろうか。

　たとえばカイコは、効率よく絹糸を取るために高密度で飼育されるが、これが原因で養蚕ではカイコが膿病などの病気にかかることが一番の懸念である。これに対してカマキリは混み合いが生じるような集合する性質がなく、つねに単独行動であり、自然界では植物体の上などの比較的換気の良い環境で生活している。ふ化時に一斉にふ化する瞬間を除いて、いわゆる三密とは縁のない昆虫なのである。上述したように、ふ化後も速やかに集団は解散され単独生活を始める。

II カマキリの飼育

1　カマキリをいかに採集するか？

　東北6県のオオカマキリについては、越冬卵包を採集した全ての場所を示した（表Ⅱ-1）。それらの採集場所ごとに少なくても一世代は飼育してみた。カマキリがどんな昆虫であるかを知るためには、飼育して発育過程を観察することが大切である。飼育するには、どの種をどの発育ステージでいつ、どこで採集するかが問題である。私が飼育したカマキリは、自然界では卵で越冬するので晩秋から翌春の間に、野外で卵包を採集するのが好都合である。種ごとにどこに産卵するかを知れば、越冬中の卵包を採集することができる。1卵包に含まれる卵数は種によって異なるが、どの種も100個以上の卵が含まれるので、次世代に多くのふ化幼虫が得られる。ただし、種ごとにどんな所に産卵するかを知らなければ、卵包を採集するのは難しい。

　日本に生息するカマキリのうち、オオカマキリの卵包が一番見つけやすい。生息密度が高く、卵包が他の種よりも大きく、物陰に産むわけでもない。また、1卵包が見つかればその近くに数個〜数十個の卵包が発見されることが多いからである。近縁種のチョウセンカマキリの場合は、

表Ⅱ-1　オオカマキリの卵包採集地（東北6県）

県名	越冬卵包採集地
青森	青森市、弘前市、八戸市、黒石市、平川市、つがる市、三沢市、むつ市、藤崎町、大鰐町、鰺ヶ沢町、深浦町、外ヶ浜町、平内町、横浜町
岩手	盛岡市、一関市
宮城	仙台市、名取市、白石市、東松山市、大崎市、松島町、川崎町
秋田	大館市、北秋田市、能代市、にかほ市、三種町
山形	山形市、米沢市、鶴岡市、遊佐町、朝日町
福島	福島市、白河市、新地町

実験室で飼育した東北地方のオオカマキリ（2004〜2020年）

図Ⅱ-1　ウスバカマキリ成虫採集地（秋田県能代市）

卵包を多数採集することは困難であり、むしろ秋季に成虫を採集する方が能率的である。成虫の生息密度は高くはないが、オオカマキリよりも生息場所が広く、水田・畑・狭い空き地の草原などで見つかる。ハラビロカマキリは主に木の幹に産卵するが、一般的な森林よりはむしろ人の手が入り、まばらに生えている日当たりの良い木に多く見られる。主に大人の目の高さの幹に多く産卵するのは、木の上部に向かって歩行し始めるふ化幼虫が木の枝全体に分散するためだろう。

　コカマキリの生息密度は高くはないが、石の下・コンクリート・板切れなど風雨を避ける場所に産卵するので、地上徘徊性で保護色の幼虫や成虫は発見しにくく、越冬卵包の採集が能率的である。ウスバカマキリは世界的に最も分布範囲の広い種で、昔は北海道の北部以外の日本のどこでも見られる普通種とされていた。しかし、現在は生息密度が極端に低く、越冬卵包を見つけるのは至難のわざである。8月以後に地面が露出するほど草丈が低く、日当たりの良い場所で成虫を探すのがよいが、採集できたら幸運だろう。参考までに、秋田県能代市で成虫が見つかった場所の様子を示した（図Ⅱ-1）。青森県つがる市の採集地も能代市と同様に、日本海に面した海岸であった。

　6〜7月にカマキリの幼虫を採集する手もある。昆虫網で草原をスイーピングするとオオカマキリやチョウセンカマキリなどの幼虫が得られる場合がある。青森県、宮城県および栃木県でスイーピングにより採集できた。ただし、多くの個体を得ることは難しい。

2　カマキリ飼育は餌次第

　8月以降、野外で採集した各種カマキリの成虫を飼育するのは容易である。室温でも飼育できるし、その季節には、餌となるバッタ・イナゴ・コオロギなども容易に採集できる。また、カマキリの成虫は餌なしでも長期間生存できるので、それほど熱心に世話しなくても成虫が死亡することはめったにない。ところが、ふ化幼虫から飼育するのは、他の昆虫に比べて容易ではない。第一の理由はカマキリがどの種も完全な肉食で、しかも生きた動くものしか捕食しないからである。見方を変えれば、餌さえ用意できればカマキリはどの季節でも飼育することができる。もちろん、冬期間も飼育するには温度を調節するエアコンや恒温器などの設備は必要・不可欠である。1日24時間、365日同じ条件下で飼育することで、得られたデータの比較が可能となるので、周年飼育が望ましい。
　結局、カマキリをふ化から累代飼育ができるか否かは、カマキリに与える生きた餌を周年にわたり供給できるか否かで決まる。春から秋にかけては野外でカマキリの餌になる昆虫等を採集できる。逆に自然界で餌が得られない冬期間にも餌さえ準備できれば、カマキリの周年飼育は可能である。自然界で年1世代のカマキリを冬期間も飼育できれば、少なくても年2世代は飼育可能であり、累代飼育のスピードを早めることができる。私のわずか4.5畳の昆虫研究室内では数種のカマキリを飼育し、その餌とするためにミールワームとイエコオロギを周年にわたり供給している。両種はプラスチック容器(35 × 20 × 22cm)10個ずつを用いて飼

図Ⅱ-2　ノシメコクガ成虫

育している。また、ミールワームを飼育すると、ともにフスマも食べる
貯穀害虫のノシメコクガが発生する（図Ⅱ-2）。その成虫や幼虫をカマキ
リの若齢幼虫の餌として利用することができる。私の昆虫研究室内には
飼育ケースから逃げ出したイエコオロギや、昆虫を餌にするオオヒメグ
モなども棲みつき、研究室そのものがあたかも食うものと食われるもの
がともに生息する小さな生態系を呈している。

　カマキリは餌さえ確保できれば周年にわたり飼育できる。つまり累代
飼育ができるか否かは、周年にわたり餌の準備ができるか否かできまる。
特に飼育が難しいのが１齢期間である。弘前産のオオカマキリがふ化し
てから２齢になるまでの間に、どれだけの数の昆虫を捕食するかを調べ
た（表Ⅱ-2）。オオカマキリのふ化幼虫を90mℓのプラスチック製の容器
に１個体ずつ入れ、翌日からオオカマキリ・イエコオロギ・コバネイナ
ゴ及びキビクビレアブラムシを与える区を作った。餌として与えた４種

表Ⅱ-2　オオカマキリ１齢幼虫の餌別捕食数

非捕食昆虫	調査数	捕食虫数	
		最小〜最大	平均
オオカマキリ孵化幼虫	28	2〜6	4.6
イエコオロギ孵化幼虫	14	28〜48	36.8
コバネイナゴ孵化幼虫	5	9〜12	10.4
キビクビレアブラムシ	7	17〜38	29.0

25℃,16時間照明

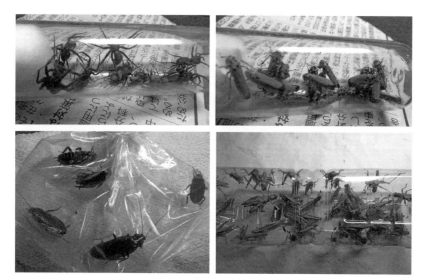

図Ⅱ-3　各種カマキリの餌
コモリグモ（左上）、ツマグロオオヨコバイ（右上）、
ヤマトゴキブリ（左下）、コバネイナゴ（右下）

の昆虫は常に食べ残しが出るような数を与えた。1齢期の10日ほどの間
の平均捕食数は共食いでは4.6匹、イエコオロギでは36.8匹、コバネイ
ナゴでは10.4匹、キビクビレアブラムシでは29.0匹となった。捕食数の
違いは餌の体サイズ差によると考えられる。なお、オオカマキリはどの
昆虫を食べてもほとんどが2齢まで発育した。

　春から秋にかけては、大型の植木鉢に5～6本のバナナを2つにさいて
中に入れ、匂いにひかれて飛来したり、鉢の中で繁殖するショウジョウ
バエの成虫を、各種のカマキリの1～2齢幼虫に与えた。

　野外から採集するコモリグモ、ツマグロオオヨコバイ、コバネイナゴ、
また家屋内で採集したヤマトゴキブリも各種カマキリの餌とすることが
できる（図Ⅱ-3）。なお、ヤマトゴキブリは青森県の野外で越冬すること
は困難と考えられていたが、2020年の冬に野外に置いた干からびたバナ
ナの残っている植木鉢の中で、多数のヤマトゴキブリが越冬したことを

図Ⅱ-4　冬季ガラス室で育てたイヌムギとキビクビレアブラムシ（用箋上の粒）

確認した。北国のゴキブリも温暖化で越冬しやすくなったのだろう。

　また、弘前市内で11月にイネ科のイヌムギを野外からプランターに移植して翌年4月まで育てた。イヌムギは休眠がないので加温すればいつでも成長できる。しかも、10度以下の低温でも成長する。1〜3月にかけてはイヌムギの根に寄生するキビクビレアブラムシが発生する（図Ⅱ-4）。イヌムギを順番に刈り取ってカマキリ飼育に利用するので、次から次へとイヌムギが更新され、柔らかい茎葉が伸び続ける。そこにアブラムシが冬期間連続して発生するので、それは各種カマキリの1〜2齢幼虫の餌として好都合であった。また、自宅の外に水道の蛇口があり、その下にコンクリートのマスがある。その中に水が溜まっており、冬の間多数のミズトビムシが落下して集団を作る（図Ⅱ-5）。そのトビムシを茶こしですくって各種カマキリの1齢幼虫の餌として利用した。

　6〜10月は野外でカマキリの餌となる昆虫やクモなどが容易に得られ

図Ⅱ-5　ミズトビムシ（水面に集団を作る）

る。しかし、冬季もカマキリの飼育を続けるには餌となる昆虫等を常時
用意する必要がある。実は野外から多量のカマキリの卵包を採集した目
的の一つは、飼育中のカマキリの餌としてふ化幼虫を使用するためだっ
た。オオカマキリをはじめ他のカマキリのふ化幼虫は、それより体サイ
ズの大きいカマキリに餌として与えた。オオカマキリの卵包は９月～翌
年４月の間野外で採集できるし、冷蔵庫の野菜室（平均６度）に３月から

図Ⅱ-6　オオカマキリの１齢幼虫の共食い

保存すれば９月まで生存で
きる。したがって、１年中
オオカマキリの１齢幼虫を
それより大きいカマキリの
餌として用いることができ
る。また、飼育中のカマキ
リが産卵したものからふ化
した幼虫も、種を問わず発
育の進んだカマキリの餌と
して用いた。カマキリでカ

マキリを育てているともいえる。

　結論として、カマキリの飼育ができるか否かは餌の確保ができるか否かである。餌は(1)野外から昆虫等を採集する。(2)ミールワームやイエコオロギのように実験室で育てる。(3)カマキリでカマキリを飼う共食いを利用する(図Ⅱ-6)。これら3方法を組み合わせることで周年飼育が可能となる。

3　実験室のカマキリは長寿命

　オオカマキリの幼虫期間は25度で50〜80日と地理的に変異する。ふ化から羽化までの間に原因不明で死亡する個体もおり、完全変態の昆虫に比べて幼虫期間が長く、その間に飼育容器のふたでカマキリを挟んでしまったりする事故死も起こる。また、どの種のカマキリでも終齢幼虫まで順調に育っているように見えても羽化するときに、虫体が曲がったり翅が伸びなかったりすることがある(図Ⅱ-7)。羽化の時点で異常なカマキリはその後交尾・産卵には至らない場合が多い。結局、飼育を開始したふ化幼虫に対する正常羽化数は50％前後となる。なお、♀♂による羽化率の差は認められない。正常に羽化した後に死亡することはほとんどなく、交尾時の♀による♂の共食いが起こる場合を除いて、飼育条件下ではほぼ寿命が尽きるまで生存する。最強のはずのカマキリでも寿命が尽きる頃になり、動きが鈍くなると、餌として与えた

図Ⅱ-7　羽化に失敗したオオカマキリ

はずのイエコオロギやミールワームに逆に食べられてしまう場合もある。

　ところが日本に生息する自然界のカマキリは、冬でも暖かい沖縄県や小笠原諸島を除き、寿命が尽きて死亡するのではなく、生存の余力を残しながら寒さの訪れでやむなく死亡する。オオカマキリの成虫は低温に強く、雪の中に3日間も埋もれていた♀を、25度に戻したところ生還した例がある。しかし、晩秋から初冬の低温下では歩行もできず、餌になる昆虫も姿を消すため野外ではオオカマキリ、チョウセンカマキリなど全てのカマキリが高い産卵能力がありながら（表Ⅰ-8参照）、自然界ではその能力を発揮することができない。

4　カマキリの飼育法

　私が今まで飼育したのはオオカマキリ、チョウセンカマキリ、ハラビロカマキリ、コカマキリ及びウスバカマキリである。それらのカマキリの種名と原産地の県名を記した（表Ⅱ-3）。オキナワオオカマキリとヒシムネカレハカマキリは短期間だけ飼育した。

　飼育容器は容量1.8ℓのガラス円筒（志賀昆虫製、シンチュウ製網フタ

表Ⅱ-3　飼育したカマキリの原産地

種名	原産地の県名
オオカマキリ	北海道、青森、岩手、宮城、秋田、山形福島、茨城、栃木、群馬、埼玉、千葉神奈川、新潟、長野、静岡、三重、兵庫奈良、岡山、広島、香川、高知、宮崎鹿児島
チョウセンカマキリ	秋田、栃木、千葉、長野、兵庫、岡山宮崎、鹿児島、沖縄
ハラビロカマキリ	栃木、千葉、神奈川、宮崎、鹿児島
コカマキリ	青森、山形、茨城、栃木、千葉、宮崎鹿児島
ウスバカマキリ	青森、秋田

※実験室で飼育したカマキリ（2004～2020年）

図Ⅱ-8　カマキリの飼育状況

付(図Ⅱ-8)を用いた。1齢期間だけ10個体程度を集団飼育し、2齢以後は共食いを避けるために個体飼育とした。飼育容器の底に径12cmのろ紙を敷き、中に30mℓの3角フラスコに水を入れてイヌムギかカモガヤをいけて自然状態の生息地に似せた。また、飼育容器の中に割りばし1本を斜めにわたし、カマキリが移動し易いようにした。水分は毎日一回水差しで与えた。飼育温度は明期の12時間は27.5度、暗期の8時間と暗期に前後する明期の4時間は22.5度で、平均25度とした。日長は長日条件(明期16時間、暗期8時間)と短日条件(明期12時間、暗期12時間)をタイマーで調節した。生きた餌を、四季を通して供給した。

　前述のように私の飼育法の大きな特徴は、カマキリでカマキリを飼う飼育法である。累代飼育のために残すカマキリは全体から見れば微々たる数である。野外採集した膨大な数の卵包、それらからのふ化幼虫、そして飼育中のカマキリが産む卵が発育しふ化する幼虫の大部分は、それより体サイズの大きなカマキリの餌として利用している。

　また、カマキリはどの種も、温度と餌を確保できれば周年にわたり飼
育できる。チョウ目などの昆虫では、近親交配により妊性が低下するす
ることが知られているが、カマキリ類は同系交配の悪影響が出にくい昆
虫のようだ。例えば、鹿児島県産のコカマキリの1卵包からスタートし
て、4年余りで9世代、子、孫と同系交配を重ねても妊性が低下するこ
とは認められなかった。オオカマキリもコカマキリと同様に、同系交配
の弊害は出にくく、何世代でも継代できる。それは、1億年以上もの間、
継続しているカマキリだからこそ、遺伝的多様性が十分に保たれている
ためだろう。

Ⅲ　カマキリの卵包

1　カマキリの採集

　カマキリがどんな昆虫であるかを知るためには、採集する必要がある。最初は、カマキリがどこにいるのか？　幼虫、成虫、卵のうちどのステージで採集するのが一番容易なのかなど、皆目見当がつかなかった。昆虫採集は、植物採集、魚釣り、山菜やキノコ狩りなどと同様に体験を重ねることで、採集効率が向上していく。それぞれの分野で名人になるには、入れ込みの強さが必要である。昆虫オタクにとって昆虫採集は苦労ではなく、ワクワクする楽しみそのものと言える。昆虫好きは昆虫採集好きを意味することが多い。昆虫の形、色彩、行動、生活史などの全てが昆虫愛好者にはたまらない魅力なのだ。

　退職した2004年の10月から弘前市でオオカマキリの採集を始めた。自転車で出かけ、野原、河川敷などを探し回った。最初は卵包がどんな所にあるのか見当が付かなかった。なんとか11月末までに36個のオオカマキリ卵包を採集できた。ススキ、クサヨシ、フジ、ナワシロイチゴなどの茎や枝に付いていた。小学校5、6年生の時、山形県朝日町では道路わきのススキやワレモコウに卵包があったことを思いだした。

　その後、2019年までの16年間で採集したオオカマキリの卵包数と、採集した県名を示した（表Ⅲ-1）。初めは弘前市周辺で、やがて青森県各地、さらに全国的にオオカマキリの卵包の採集を始めた。毎年3月末に日本応用動物昆虫学会、9月には日本昆虫学会が全国のどこかで開催されるので、学会に参加して、講演発表を行うと同時に、学会開催地の周辺で成虫や卵包の採集を試みた。また、JRの「大人の休日クラブ」の会員割引キップを利用して、多くの地域を回って採集した。その会員割引キップはどこでも、何回でも乗車、下車できるので採集旅行には最適であった。採集時には地図、列車の時刻表、スチールの巻き尺、ルーペ、デジカメ、ノギス、メモ帳、筆記用具等を持参する。私は普通車と自動二輪の運転

表III-1　オオカマキリの卵包採集

年度	採集卵包数	採集した県名
2004	36	青森
2005	285	青森、山形、岡山
2006	1,043	青森、宮城、鹿児島
2007	931	青森、北海道、宮城、秋田、新潟、兵庫、広島
2008	697	青森、福島、栃木、千葉、新潟、香川
2009	272	青森、北海道、宮城、秋田、山形、群馬、新潟、長野、三重
2010	836	青森、秋田、山形、千葉、静岡
2011	753	青森、宮城、秋田、山形、栃木
2012	1,029	青森、山形、栃木、埼玉、神奈川、静岡、奈良
2013	1,454	青森、宮城、栃木、神奈川、静岡、奈良
2014	1,082	青森、宮城、山形、茨城、栃木、高知
2015	484	青森、岩手、宮城、山形
2016	358	青森
2017	169	青森
2018	200	青森
2019	409	青森、千葉
計	9,938	

免許証を持っていたが、70才で返納した。だから、カマキリの採集には下車した駅から徒歩で出かける。下車するのは大きな駅を避けて、時刻表を見て「みどりの窓口」がないような小さな駅を選ぶ。ただし、下車しようとした駅の近くが採集に適しない場合もあるので、リュックを背負って下車の準備をしながら列車の窓から外を眺め、5秒ほどの間に下車するか通過するかを決める。その決断の瞬間はいつも緊張する。下車駅では線路の上にまたがる跨線橋の上からしばし周囲を見渡し、駅舎を出たら建物や住宅の少ない側に向かって歩き始める。カマキリは自動車道のそばにはほとんどいない。車の通れない草原、原野、耕作放棄地、河川敷などに生息するので、徒歩で探索すると採集効率が上がる。採集

図Ⅲ-1　オオカマキリの卵包のある所

経験を重ねるにつれて、カマキリの卵包がある場所が遠くから眺めただけでわかるようになる。日当たりが良く、風当たりが穏やかな所で、高密度で見つかる（図Ⅲ-1）。

2011年11月2日JR奥羽本線の青森市浪岡駅から大釈迦駅まで卵包を探しながら歩いた。その後も2度その2駅間を歩いた。2011年10月20日奥羽本線の秋田県から山形県に入った直後の女鹿駅から次の吹浦駅まで、2010年1月21日に伊豆急行の蓮台寺駅から下田駅まで、2013年11月27日には信越本線の新潟県の帯織駅から東光寺駅まで、2019年1月22日、80才になる数日前に千葉県の内房線の青堀駅から君津駅まで歩いた。いずれの場合もカマキリの卵包がありそうな場所を探しながら、縦横無尽に歩き回るので駅間の距離の3〜4倍歩くことになる。しかも全く知らない土地であり、歩いているうちに、下車した駅に戻るよりも、次の駅に向かって歩いた方が近いと判断した時に向かう駅を変更する。歩く距離が増すにつれて背中のリュックが重く感じる。道路沿いに「不審者を見たら110番！」と記した立て看板がよく見られる。日本中の全ての土地に

所有者がおり、採集行為はそれらの土地に無断で入るのだから、当地の
住民から見たら私は不審者そのものだ。そこで採集中にその土地の住民
に会ったら、青森県からカマキリを探しに来たことを自分から告げるよ
うにしている。その土地の子供ならあり得るかもしれないが、老人が遠
路はるばる出かけてきて、カマキリを探していることに興味を示して下
さるかたが多く、いつもカマキリ談義に花が咲く。

2　荷物の盗難

　2008年12月14日、千葉県富津市のJR青堀駅で下車して、カマキリ
の卵包を採集することにした。当日は雨が降っており大きなリュックを
背負ったままでは動きにくい。そこで荷物を預けて出かけようと思った。
しかし、小さな駅なのでコインロッカーは設置されていない。荷物を一
時預かってほしいと頼んだが駅員は1人きりでそれはできないと言う。
仕方なく、駅舎の待合室のベンチの上にリュックを置いたまま採集に出
かけた。予想以上のオオカマキリの卵包が採集できて、4時間後いさん
で駅に戻ったらベンチの上に置いたはずの私のリュックが消えていた。
駅員に近くに交番があるので盗難届を出すように促された。白髪の老人
が青森県から千葉県までカマキリの卵包を探しに来た行為に、4名おら
れたお巡りさん達が大変興味を持ってくれた。そのうちの一人が「カマ
キリの雪予想」（後述）について世間一般に言われている通りに話してい
た。私がその雪予想の話は間違いだとその理由を説明したら、お巡りさ
ん達はますますカマキリに興味を持ったようで、リュックの盗難の件は
そっちのけで、交番はカマキリの話に花が咲いた。
　消えたリュックの中には、大人の休日クラブで買ったJR東日本の列
車ならどれでも乗れる乗車券、採集のための長靴にはき替える前のぼろ
い革靴、実験ノート、運転免許証、前日福島県で採集した30個ほどのオ

オカマキリの卵包などが入っていた。列車の乗車券を新たに購入しない
と帰宅できないし、宿泊費も不足するピンチに陥ってしまった。そこで、
ゴム長靴をはいたまま、急に予定を変更してその日に帰宅することにし
た。幸いにも現地から弘前まで帰る乗車券を買うだけのお金は持ってい
た。

　夜の12時近く自宅にたどり着いたが、家内はその日に帰るとは夢に
も思っていないので、いくらチャイムを鳴らしても起きてこない。2階
の寝室にはチャイムの音が聞こえないのだ。深夜であり大声で呼ぶの
は隣近所の手前遠慮した。仕方なくカマキリ飼育用の虫小屋で朝まで
寝ることにした。しかし、床が固い上に床下から伝わる寒さのため朝
まで一睡もできなかった。まさに、ふんだりけったりとはこのことだっ
た。

　消えたリュックが見つかるとは夢にも思わなかった。しかし、紛失か
ら8日後の12月22日に千葉県君津警察署から電話があり、私のリュッ
クが見つかったとの連絡を受けた。リュックは着払いで自宅に届けても
らった。私はドロボーさんに心から感謝したい。リュックの中身を見た
ドロボーさんは、これは返却した方がよさそうだと判断してくれたのだ
と思う。お金は10円と100円銀貨で計500円たらず、弘前大学名誉教授、
農学博士、安藤喜一と書いてある数枚の名刺、そして私にとっての1番
大切だった宝物は、実験ノートだった。どんな確実な記憶よりも、薄い
鉛筆のメモの方がずっと信頼できると考え、常に実験ノートに研究上の
アイディア、重要な実験データ、採集記録等を書き込んでいた。12月ま
でほぼ1年間の実験メモが書いてあるノートを失わずに済んだ。その他、
なくなったものは何一つなかった。ありがたや、ありがたや、ドロボー
さん！教養あるドロボーさんだったようだ。

3　空腹極まる採集

　2014 年 1 月 29 日栃木県小山駅で昼食用のパンや飲み物を買い、JR 水
戸線に乗車して茨城県桜川市の大和駅で下車した。大和駅で下車するこ
とを決めていたわけではなく、列車から外をながめたらカマキリの卵包
を探すのに適した場所に見えたので、急に下車することにした。あまり
に慌てて下車したので、昼食用に用意したパンやジュースを入れたビニー
ル袋を列車に忘れてしまった。最近田舎の小さな駅の近くには、食堂や
店が一軒もない所がある。大和駅はまさにどこを探しても食堂は一軒も
なかった。

　駅から歩いて卵包のありそうな場所に向かい、午後 2 時までは空腹を
こらえ必死で採集を試みた。青森県からわざわざ採集に来たのだから、
少しでも多くの卵包を採集したい。結局午後 4 時頃まで昼食抜きのため
ふらふらになりながら休耕田、山際、河川敷などで卵包を探し続けた。
努力の甲斐あってオオカマキリ 209 個、ハラビロカマキリ 13 個、コカマ
キリ 6 個の卵包を採集できた。

　さて、カマキリと言えば、オオカマキリがその代表である。2004〜
2019 年までに全国各地で 9,938 個のオオカマキリ卵包を採集した（図Ⅲ-
2）。そのうち 8,856 個（89.1％）について卵包の付着している植物名等を記
録した。残りの卵包 1,082 個（10.9％）は植物名を記録しなかった。付着植
物名を記すには卵包数個ごとに克明に記録する必要があり、結構手数が
かかる。植物名がその場ではわからないことも結構ある。採集目的なし
に出かけた折に卵包を採集した場合や、結婚式に出席した後に、礼服を
着たまま筆記用具を所持しないで採集したこともあった。そのような場
合、卵包付着植物をその場で記入できなかったので、除外した。ただし、
卵包数は持ち帰ってから数えることができるので加えた。なお、卵包が
付いている植物名等を記録しなかったものには、卵包付着植物として記

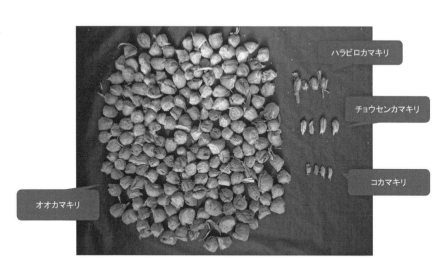

図Ⅲ-2　2019 年 1 月に千葉県君津市で採集したカマキリの卵包

載した以外のものは含まれていない。

　広範囲で、しかもこれだけの卵包を採集したことは、自然破壊ではないかと危惧される方もおられるかもしれない。しかし、卵包は簡単には見つからず、ある場所の卵包を全て採集することはできない。また、意識して根こそぎ採集することはないように心がけている。だから、青森県内の複数の場所で 4〜5 年続けて同じくらいの卵包数が見つかっている。多数の卵包を採集した理由は 4 つある。第 1 は実験データの精度を上げるためである。第 2 は地理的多様性を調べるためである。できるだけ多くの場所で卵包を採集し、実験室の同一条件下で飼育することで、採集場所による成虫や卵包の大きさ、発育速度などが生息地の気候と、どのような関係があるのかを明らかにするためだった。第 3 は 2004 年の実験開始以来、各種カマキリの実験室内での飼育を継続しているが、ふ化幼虫を飼育中のカマキリの餌として利用するためだった。第 4 は積雪地と積雪のない地域で、卵包の高さに違いがあるか否かを、広範囲で比較するためである。

　なお、採集を試みたが、オオカマキリの卵包を1個も発見できなかった場所は、北海道では札幌市の琴平川の河川敷、八雲町ではセイタカアワダチソウの大群落があった場所、また函館市の五稜郭付近等である。それぞれの場所で半日ほどの時間を取って調査したが、卵包を発見することはできなかった。青森県弘前市で岩木山の西側に位置する岳地区でも、発生環境としては申し分ないように見えたが卵包は一つも発見できなかった。長野県軽井沢町でも卵包は見つからなかった。以上5か所でオオカマキリの卵包が見つからなかったのだが、生息していない証拠にはならない。発生密度が低い場合、発見は難しいからだ。札幌市などは「北海道新聞」に寄せられた市民からの複数の情報や、新聞社に届けられた写真等からオオカマキリが札幌市内に生息していることは間違いない。2007年4月9日に函館市のJR函館本線の七飯駅の近くで8個、2009年3月27日に桔梗駅で6個のオオカマキリの卵包を採集した。両地とも卵包はヨモギとセイタカアワダチソウだけに付いていた。卵包の密度は低く、両地とも正味4時間余り探し続けて、わずかだが大きな成果であった。北海道の生息密度は、青森県以南よりも著しく低いようだ。

4　オオカマキリ卵包の付着植物

　2004～2019年に採集したオオカマキリの卵包9,938個のうち8,856個について付着している植物名等を記録した。植物名は牧野富太郎著の『新牧野日本植物図鑑』（北隆館2008）と照合して決定した。植物名を自分で判定できない場合や、疑問が残る場合は、植物分類学に詳しい原田幸雄弘前大学名誉教授に同定を依頼した。なお、ヨモギとオオヨモギは区別せずにヨモギとし、ヤナギやタデは正式には多くの別種に分かれるが、いずれも休耕田や耕作放棄地に生育しているものでヤナギ、タデと表現した。

表Ⅲ-2a オオカマキリの卵包採集（1 〜 40 位）

順位	植物名	科名	卵包数	全体の付着率(%)
1	ススキ	イネ科	2,412	27.2
2	ヨモギ	キク科	1,466	16.6
3	セイタカアワダチソウ	キク科	943	10.6
4	オギ	イネ科	519	5.9
5	アズマネザサ	イネ科	483	5.5
6	ヨシ	イネ科	412	4.7
7	チマキザサ	イネ科	316	3.6
8	ナワシロイチゴ	バラ科	243	2.7
9	ヤナギ	ヤナギ科	217	2.5
10	エゾミソハギ	ミソハギ科	209	2.4
11	カモガヤ	イネ科	152	1.7
12	スギ	ヒノキ科	111	1.3
13	クサヨシ	イネ科	109	1.2
14	ノイバラ	バラ科	103	1.2
15	クズ	マメ科	89	1
16	メドハギ	マメ科	86	1
17	ドウダンツツジ	ツツジ科	79	0.9
18	ブルーベリー	ツツジ科	54	0.6
19	ノブドウ	ブドウ科	52	0.6
20	ハリエンジュ	マメ科	48	0.5
21	タコウギ	キク科	41	0.5
22	カノコソウ	オミナエシ科	37	0.4
23	サツキ	ツツジ科	31	0.4
24	アカマツ	マツ科	30	0.3
25	タデ	タデ科	27	0.3
26	クワ	クワ科	23	0.3
27	オオマツヨイグサ	アカバナ科	21	0.2
28	フジ	マメ科	21	0.2
29	サワラ	ヒノキ科	20	0.2
30	ウツギ	ユキノシタ科	19	0.2
31	イヌマキ	イヌマキ科	18	0.2
32	センダングサ	キク科	17	0.2
33	エゾノギシギシ	タデ科	16	0.2
34	ハギ	マメ科	14	0.2
35	ハンノキ	カバノキ科	13	0.1
36	ハコネダケ	イネ科	13	0.1
37	ツツジ	ツツジ科	12	0.1
38	アケビ	アケビ科	12	0.1
39	ユキヤナギ	バラ科	12	0.1
40	キク	キク科	11	0.1

　卵包の付着植物の調査は、特定の植物に偏らない様に休耕田、河川敷、原野、道路沿いの草地、灌木林など全ての植物を調査対象とした。その結果、2004〜2019年の16年間に調査したオオカマキリの卵包が発見された植物名等の総数は133種に及んだ。そのうち生きた植物に付着した卵包は8,833個（99.7％）で、植物でないものは23個（0.3％）であった。

　植物に付着した卵包数（表Ⅲ-2a〜c）は、多い順にススキ、ヨモギ、セイタカアワダチソウ、オギ、アズマネザサ、ヨシ、チマキザサ、ナワシロイチゴ、ヤナギ、エゾミソハギとなった。1〜3位のススキ、ヨモギ、セイタカアワダチソウの3種だけで過半数の4,821個（54.4％）に達した。10位までで7,220個（81.5％）、11〜20位はカモガヤ、スギ、クサヨシ、

表Ⅲ-2b　オオカマキリの卵包採集（41〜59位）

順位	植物名	科名	卵胞数
41	イチョウ	イチョウ科	10
41	リンゴ	バラ科	10
41	アブラガヤ	カヤツリグサ科	10
41	ホウライチク	イネ科	10
45	ヤチイチゴ	バラ科	9
45	ニレ	ニレ科	9
45	モミジ	カエデ科	9
48	キカウスウリ	ウリ科	8
48	ラベンダー	シソ科	8
48	アレチノギク	キク科	8
48	イヌヅケ	モチノキ科	8
48	アキニレ	ニレ科	8
48	イタチハギ	マメ科	8
54	ワラビ	イノモトソウ科	7
54	タチバナモドキ	バラ科	7
54	アスパラガス	ユリ科	7
54	マリーゴールド	キク科	7
54	ウシノシッペイ	イネ科	7
59	マタタビ	サルナシ科	6
59	アジサイ	ユキノシタ科	6

表Ⅲ-2c　オオカマキリの卵包採集（61〜127位）

順位	植物名	科名	順位	植物名	科名
61	モミジイチゴ	バラ科	95	ワレモコウ	バラ科
62	ミズキ	ミズキ科	96	フサスグリ	ユキノシタ科
63	プルーン	バラ科	97	アザミ	キク科
64	ヒャクニチソウ	キク科	98	アマチャヅル	ウリ科
65	カラマツ	マツ科	99	ヘクソカズラ	アカネ科
66	グミ	グミ科	100	ツガ	マメ科
67	カヤツリグサ	カヤツリグサ科	101	サクラ	バラ科
68	ホタルイ	カヤツリグサ科	102	オトコエシ	オミエナシ科
69	カエンガヤツリ	カヤツリグサ科	103	セリ	セリ科
70	マサキ	ニシキギ科	104	ボタン	ボタン科
71	ウメ	バラ科	105	ネズ	ヒノキ科
72	キンギンボク	スイカヅラ科	106	チカラシバ	イネ科
73	サルビア	シソ科	107	ヤマウルシ	ウルシ科
74	シャクヤク	ボタン科	108	マユミ	ニシキギ科
75	バラ	バラ科	109	トコロ	ヤマノイモ科
76	ナラ	ブナ科	110	イヌガラシ	アブラナ科
77	クロウメモドキ	クロウメモドキ科	111	トウダイグサ	トウダイグサ科
78	ケヤキ	ニレ科	112	ユズリハ	ユズリハ科
79	クリ	ブナ科	113	カラタチ	ミカン科
80	ヒヨドリバナ	キク科	114	シモツケ	バラ科
81	チガヤ	イネ科	115	モクレン	モクレン科
82	ヤブガラシ	ブドウ科	116	ツバキ	ツバキ科
83	タニウツギ	スイカヅラ科	117	ナンテン	メギ科
84	ボタンヅル	キンポウゲ科	118	キブシ	キブシ科
85	ガマ	ガマ科	119	クサレダマ	サクラソウ科
86	ツルマメ	マメ科	120	チャ	ツバキ科
87	ヒナタノイノコズチ	ヒエ科	121	ニンジン	セリ科
88	ハナヒョウタンボク	スイカヅラ科	122	クサフジ	マメ科
89	イチイ	イチイ科	123	マダケ	イネ科
90	ガマズミ	スイカヅラ科	124	サルスベリ	ミソハギ科
91	イタドリ	タデ科	125	キンギョソウ	ゴマノハグサ科
92	ビワ	バラ科	126	アズマナルコ	カヤツリグサ科
93	カキ	カキノキ科	127	クマヤナギ	クロウメモドキ科
94	レンギョウ	モクセイ科			

※表Ⅲ-2a〜cの1〜127位までの卵胞合計8833個（99.7%）

ノイバラ、クズ、メドハギ、ドウダンツツジ、ブルーベリー、ノブドウ、ハリエンジュの順で、20 位までの合計は 8,103 個(91.5%)となった。1 個の卵包しか見つからない植物が 30 種もあった。私が記録していない植物に付いている卵包も、かなりあるだろう。卵包が付着する植物には地理的多様性があり、ススキやセイタカアワダチソウには全国的に多く、ヨモギには北日本で多く付着していた。エゾミソハギには東北地方だけで見られた。

　非植物に付いていた 23 個の内訳は、高速道路やその他多くの場所でフェンスとして利用されている直径 3.2mm の金網(15)(口絵Ⅰ-3 参照)、石(3)、刈った柴(2)、木の杭(1)、物置小屋の天井(1)、イノシシ防止用の網(1)であった(表Ⅲ-3)。

　植物に付着した卵包 8,833 個のうち、草本植物に 6,615 個(74.9%)、木本植物に 2,218 個(25.1%)で、草に付着した卵包が木に比べて 3 倍ほど多かった(表Ⅲ-4)。なお、草本植物に産んだ卵包は当年の秋に産んだ新しいものだけが付いているが、木本植物に付いているのは多くは新しいものだが、2〜3 割は前年のふ化済みの卵包が混じっている。新しい卵包か古い卵包かは、鮮度の違いでほぼ区別できる(図Ⅲ-3)。自宅のそばにあったビワの枝に付いた卵包(図Ⅲ-4)が 2 回目の冬を越し、8 月に落下した

表Ⅲ-3　オオカマキリの非植物への産卵

付着物	付着数
金網(直径3.2mm)	15
石	3
刈ったシバ	2
木のクイ	1
小屋の天井	1
イノシシ防止網	1
計	23(0.3%)

表Ⅲ-4　オオカマキリ卵包の付着状況（2004 ～ 2020 年）

調査項目		卵包数	％
卵包付着数	生きた植物	8,833	99.7
	上記以外	23	0.3
	計	8,856	100.0
産卵状況	挟んで産卵	8,844	99.9
	くっつけて産卵	12	0.1
	計	8,856	100.0
卵包付着植物	草本植物	6,615	74.9
	木本植物	2,218	25.1
	計	8,833	100.0
木本植物	落葉樹	1,146	51.7
	常緑樹	1,072	48.3
	計	2,218	100.0
ササとタケ	ササ	812	98.4
	タケ	13	1.6
	計	825	100.0

図Ⅲ-3　アズマネザサに付着したオオカマキリの新旧卵包（右 2 個が新しい）

ことを確認した。ふ化済み
の卵包をカマキリタマゴカ
ツオブシムシやコバエ類が
餌として利用する。樹木に
付着した卵包のうち、ヤナ
ギなどの落葉樹に1,146個
（51.7％）、ササ、スギ、マ
ツなどの常緑樹には1,072
個（48.3％）であった（図Ⅲ
-5、表Ⅲ-4）。樹木に産卵

図Ⅲ-4　ビワに付いたオオカマキリの卵包

している場合にはササ・灌
木などで、喬木の場合は背
の低い幼木や実生などであ
り、3m以上の樹木に卵包
が付いていることは極めて
希である。タケとササは、
タケノコが成長するにつれ
て皮が剥がれ落ちるのがタ
ケで、ササは皮がそのまま
付いていることで区別され
る。タケとササは一般の樹
木と異なり、タケノコが生
えた年だけ成長する点では
草に近く、2年以上枯れな
い点では樹木に当たり、花
の形態からイネ科に分類さ
れる。カマキリの1齢幼虫

図Ⅲ-5　スギ（上）とマツ（下）に付着したオ
　　　オカマキリの卵包

は垂直なガラスの壁面を、何の苦もなくすいすいと上り下りできる。ところが、♀成虫は産卵期になると腹部が肥大し、皮のないタケは滑るので登ることが困難になり、カマキリがタケに産卵することはほとんどない。まれに、そばに生えるススキやヨモギなどの枝をつたって、モウソウダケやマダケの枝に乗り移り産卵する場合があるぐらいである。一方、皮のあるササにはカマキリが登ることができるので、チマキザサやアズマネザサは良い産卵植物になる。発見された卵包数はササ812個に対し、タケはわずか13個であった（表Ⅲ-4）。

　植物の科別でオオカマキリ卵包付着数はイネ科が1番多く4,438個（50.1％）、キク科2,480個（28.0％）、バラ科387個（4.4％）、マメ科261個（2.9％）などとなった（表Ⅲ-5）。ちなみにイネ科の中でススキは株で生え、オギは株にはならず一本一本離れてはえ、一般にススキよりも湿地に群生する。ススキとオギを区別できる人はかなりの植物通であろう。

　だからというわけではないがオオカマキリはススキ、オギ、ヨシなどには区別しないで産卵しているかも知れない。昔からそれらを総称してカヤと呼んできたが、その3種に付いた合計卵包数は3,349個（37.8％）で

表Ⅲ-5　オオカマキリの科別卵包付着植物

科名	付着数(%)
イネ科	4,438(50.1)
キク科	2,480(28.0)
バラ科	387(4.4)
マメ科	270(3.1)
ヤナギ科	217(2.5)
ミソハギ科	210(2.4)
ツツジ科	176(2.0)
ヒノキ科	132(1.5)
その他　52科	523(5.9)
計　　60科	8,833

あった。一方、スギには 111 個（1.3％）の卵包が見つかった。後述するが、スギは多くの場所で、特に積極的に調査した。2010 年 11 月 24 日、JR 奥羽本線の秋田県の陣場駅と糠沢駅とで、両地とも徒歩で行ける距離に樹高 3 ｍほどのスギが数百本あった。両地ともスギには卵包が全く付いていなかった。一方、スギ林の中に生えているススキやヨモギには、両地とも数個のオオカマキリの卵包が見つかった。また、2015 年 3 月 26 日、山形県中山町の樹高 2 ｍほどのスギの幼木林でも、長時間卵包を探したが見つからなかった。

　オオカマキリは日当たりが良く、風があまり当たらず、日溜まりになっている草地や灌木地に産卵する。また、オオカマキリの卵包が見つかった場所が、オオカマキリの通常の生息地とは限らない。産卵のために移動する場合もあるからだ。自宅の庭で観察した例では、オオカマキリの♀成虫が地這いキュウリの花の近くで、ミツバチやハナアブ等を待ち伏せしているが、産卵時には庭の周囲にあるバラに移動した。その後、再び地這いキュウリに戻っていたことが観察された。また、畑の雑草に棲んでいるカマキリが、産卵の時だけ垣根にしているサワラに移動し、西日本では畑地から周囲のイヌマキに移動して産卵することが観察された。明らかに、カマキリは産卵場所を選んでいるのだ。

　1 億年以上も前の中生代から地球上に生息していると考えられるカマキリも、現在はヒトとの関わりが相当い深いと考えられる。休耕田や耕作放棄地は当分の間草地となり、オオカマキリやチョウセンカマキリの生息地になっている。高速道路はヒトや動物が進入しないように金網が張られているが、道路の側面は草が繁茂しカマキリの生息地になっている。また、河川敷も重要な生息地である。栃木県や茨城県を流れる鬼怒川の河川敷にはオオカマキリ、チョウセンカマキリ、ハラビロカマキリなどが生息する。青森県弘前市の周辺には、3 本の主な川が流れている。そのうち、岩木川の河川敷にはカマキリはほとんど生息していない。河

川敷が川の流水量に比して狭く、時々洪水になるのでカマキリの棲み場として適さないからであろう。一方、平川と浅瀬石川の河川敷には多くのオオカマキリが生息する。上流にダムがあることによって流量を調節しているため、洪水はほとんど起きない。そのためカマキリが生息できると考えられる。

　カマキリは農村やまばらな住宅地なら結構生息できるが、殺虫剤や除草剤を散布し、庭木の手入れを熱心にすると、かくれるところがなくなるので棲めなくなる。一方、大都市圏であっても条件さえそろえば生息できる。東京の明治神宮の森にハラビロカマキリやコカマキリが生息している光景を、テレビの映像で見たことがある。

　2019年、弘前市内の異なる3か所で、不受精卵だけのオオカマキリの卵包が見つかった。いずれも住宅が立ち並び、緑地としての空き地はほとんどない所で採集したものだった。オオカマキリが生息できなくなる一つの要因として、♀成虫が交尾相手に恵まれなくなることが考えられる。♀に比べて♂は早く羽化し、早く交尾できるようになる。そこで、同じ場所で♂♀が羽化しても、♂は他の場所へ交尾相手を探しに移動するが、残された♀に他の場所から♂が訪れない可能性が考えられる。本来♀♂による交尾時期に差があることで同系交配を避ける意義があると考えられるのだが、都市化でカマキリの羽化数が著しく減少すると、交尾相手に巡り合えない場合があるだろう。飛翔力の低い♀の方が、自然環境が失われた場合の影響を強く受けると考えられる。なお、自然豊かな農村や、都市郊外、河川敷などで採集した卵包に不受精卵は見られない。

　昆虫の親が次世代にどれだけ投資するか。ハチの多くは子供を蛹化・羽化するまで餌を与えて育てる。カブトムシは次世代幼虫の餌になるたい肥や朽ち木のある場所を選んで産卵する。モンシロチョウはアブラナ科植物に、アゲハチョウはミカン科植物に、甲虫目のハムシ類は子世代の餌になる植物を選んで産卵する。だから次世代幼虫は、親が産んでく

れた植物を食べれば無事に成長できる。これらの昆虫の食物選択は、♀
親の役目になっている。ところが、オオカマキリは親が産んでくれた植
物を食べるわけではなく、ふ化から自分で捕食できる餌を得なければな
らない。♀親は次世代が餌を得られそうな場所か、その近くに産卵する
のだ。だから、産卵中に天敵から身を隠すことができて、茎の太さが適
合すればどんな植物にでも産卵する。その結果、植物 127 種、非植物 6
種もの多くの場所に産卵することになったようだ。克明に調べればもっ
と多くの植物や他の材料にも産卵しているだろう。もちろんオオカマキ
リ以外のカマキリも、多様な場所に産卵する。

5　オオカマキリが産む卵包の高さ

　オオカマキリはどんな高さに卵を産むのかを知るために、地面から卵
包までの垂直の高さをスチールの巻き尺を用いて cm 単位で測定した。
秋季の調査や積雪のない地域では、地面から卵包までの高さをそのまま
測定した。春に調査する場合は植物が倒れていれば、直立させて地面か
ら卵包までの高さを測定した。なお、折れた植物に付着した卵包は、地
面からの高さが不明なので調査対象としなかった。調査場所はほぼ全国
に及び、前述の卵包が付着した植物名等を記した 8,833 個のうち、2,250
個（25.5％）について卵包の高さを測定し、10cm 間隔でその頻度を示した
（図Ⅲ-6）。その結果、一番多くの卵包が見られたのは 41〜50cm の高さで、
218 個見つかった。次いで 31〜40cm が 216 個であった。オオカマキリ
は頭を下にして逆立ち状態で産卵するため、地面から 10cm 以下の卵包
は極めて少なく 19 個で、そのうち一番低いのは 7cm であった。100cm
以下の卵包は 1,629 個（72.4％）であった。また、101〜200cm が 567 個
（25.2％）、201〜300cm が 46 個（2.0％）、301〜400cm が 8 個（0.4％）であっ
た。卵包の高さは正規分布ではなく、右側に緩やかに傾斜している。卵

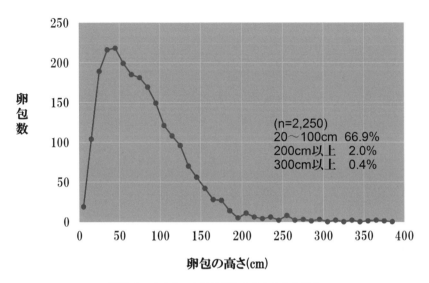

図Ⅲ-6　オオカマキリの卵包の地上からの高さ

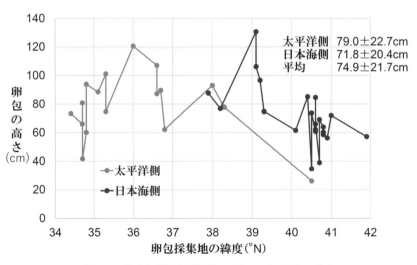

図Ⅲ-7　日本海側と太平洋側のオオカマキリ卵包の高さ

包全体の平均値は 74.9cm である。

　次に卵包の高さに地理的多様性があるか否かを明らかにするために、日本海側（青森県津軽地方、秋田県、山形県、新潟県）の 23 地点と太平洋側（宮城県、福島県、栃木県、千葉県、静岡県、高知県）の 17 地点での平均の高さを求めると、日本海側で 71.8cm に対し、太平洋側では 79.0cm となった（図Ⅲ-7）。雪の降る日本海側よりも、ほとんど雪の降らない太平洋側の地域の方が高かった。その理由は、卵包の付着植物の種類と生育状態に二つの地域間で、差があるためと思われる。例えば、アズマネザサは日本海側よりも太平洋側に多く分布し、しかも樹高が高いので卵包の高さも、それにともなって高くなるのだろう。また、セイタカアワダチソウの草丈が日本海側よりも太平洋側で高く、その草丈の高さの違いによってカマキリの卵包の高さに差が出てくるようだ。なお、カマキ

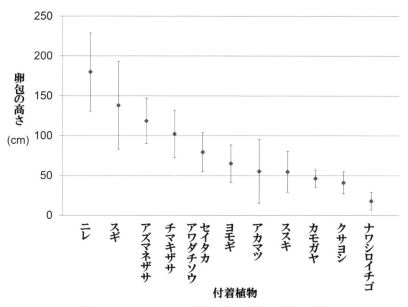

図Ⅲ-8　オオカマキリの卵包の高さと植物の種との関係

リの産卵は秋に行われるので、卵包が付着してから植物が伸びて誤差が生じた可能性は低いと考えられる。

　山形県の女鹿が平均130.6cmと高い理由は、アズマネザサに多く付着したためであり、宇都宮の107.0cmはセイタカアワダチソウの草丈が他の場所より高いためである。また、白岡の120.5cmは草を刈った畑に種々の果樹が植えられていて、数年間放任された状態の果樹に多く産卵されていたためである。

　次に、付着植物の違いによる卵包の高さを調査したところ（図Ⅲ-8）、ナワシロイチゴが一番低く17.9 ± 11.0cmであった。そのイチゴは他の植物に絡んで高い位置に達することはなく、もっぱら地面を這うだけである（図Ⅲ-9）。カモガヤでは46.3 ± 10.9cmである。オオカマキリは牧草地にはめったに生息しない。牧草を刈り取るので産卵に適する硬くてほどよい高さの植物がないためである。刈り取られることのない自然状態で育ったカモガヤには、穂の下部の方にだけ産卵する。ニレの卵包は最も高く179.9 ± 49.1cmであった（図Ⅲ-10）。ススキ、ヨモギ、セイタカアワダチソウ等では平均に近い高さに産卵されていた。

　同じ種の植物に産卵しても、高い位置に産むものと低

図Ⅲ-9　ナワシロイチゴの群落（上）とそれに
　　　　付いたオオカマキリ卵包（下）

図Ⅲ-10　ニレに付いたオオカマキリの卵包（円内）

い位置に産む場合があり、その差が極めて大きい植物と、差が小さい植物が見られた（表Ⅲ-6）。チマキザサやカモガヤの様に、高低差が小さい植物と、スギのように高低差が 31.0 倍と大きい植物があった。ドウダンツツジは一般に盆栽の様に刈り込んで低く育てるが、刈り込まずに育てると 2 m ほどの高さに成長する。結果として、低いドウダンツツジには低い位置に産卵され、高ければ卵包の位置も高くなる。ブルーベリーに産卵する場合も、オオカマキリは、ブルーベリーの樹高次第で産む高さが変化する。

　低い植物では、カマキリは高い位置に産卵できない。したがって、卵包の高さが生息地の植物の高さとある程度相関関係を示すことは容易に理解できる。しかし、高さに制限がない場合、カマキリは何によって位

表Ⅲ-6　植物の種によるオオカマキリの卵包の高さの違い（卵包付着植物と卵包の高さ）

付着植物	n	卵包の高さ(cm)		倍率
		最低	最高	
スギ	111	12	372	31.0
ヨモギ	185	8	148	18.5
マツ	31	10	152	15.2
ブルーベリー	35	7	104	14.9
ドウダンツツジ	57	12	163	13.6
ススキ	216	12	140	11.7
セイタカアワダチソウ	104	22	180	8.2
アズマネザサ	93	39	237	6.1
カモガヤ	61	14	67	4.9
チマキザサ	82	43	186	4.3
平均	97.5	17.9	174.6	12.8

置を決めているのか。調べていくうちに、植物の高さ以外の要因も重要であることがわかってきた。

6　オオカマキリ卵包の付着部位の直径

　チョウセンカマキリ、ハラビロカマキリ、コカマキリ及びウスバカマキリは、卵包を木の幹、石、コンクリート、板切れ等にべったりと張り付けて産卵する。生み出される卵包は強い粘着力があり、付着している卵包を引き離すにはかなりの腕力を要する。特に、ハラビロカマキリの卵包が樹木の幹に付いているのを引き剥がすのは容易ではなく、カッターで削り取らないと採取できないほどである。ハラビロカマキリの卵包を樹木の幹に産むのは、ふ化幼虫がその木全体に広がるようにするためだろう。ふ化幼虫は上に向かって登る習性がある。卵包の高さは大人の目の高さが多い。ただし、地上３ｍ以上の木の枝に産卵することもある。

　ところが、オオカマキリは植物の茎や枝を挟んで産卵するので、産卵場所となる植物の茎や枝の直径が極めて重要になる。なお、オオカマキリも産卵に適した太さの植物が見つからない場合は、他のカマキリと同じように、植物の葉などにくっつけて産むことがある。これまでに野外調査したオオカマキリの卵包 8,856 個のうち、挟んで産んだものが 8,844 個（99.9%）で、くっつけて産卵したものはたった 12 個（0.1%）だけであった。ススキに産んだ卵包 2,412 個のうち、茎を挟んで産んだもの（口絵Ⅱ-5 参照）が 2,407 個に対し、葉に付着させた卵包がわずか 5 個だけあった。オオカマキリに最も近縁のオキナワオオカマキリは、ススキの葉等にくっつけて産卵する。沖縄では雪は降らないし、冬でも暖かく卵期間は短いので、それほど強固に卵包を守る必要性はないのだろう。オオカマキリが植物の茎や枝を挟んで卵包を産むことは、付着植物と卵包とが冬でも一体となり、卵包が植物の一部になるようなものである。オオカマキリの卵包は、チョウセンカマキリやハラビロカマキリのものより、卵を包む外側が柔らかくて厚い。だから、後者のカマキリのように卵包を植物に付着させるだけでは、長い越冬期間中に植物から外れてしまうだろう。しかし、植物の茎や枝を挟めば、卵包はうまく固定されて風で飛ばされなくなる。

　したがって、卵包の付着部位の直径が問題になるのはオオカマキリだけである。産卵中の♀は腹部末端にある尾状突起を常にこきざみに動かしている。尾状突起を切断してみたが、相変わらず茎の太さを選んで産卵した。触角などで産卵場所の植物の茎の太さを測っていると考えられる。ノギスを用いて卵包の直ぐ下と上の直径を測定し、その平均を直径とした。その結果、オオカマキリにとって産卵する植物の茎や枝の直径が極めて重要であり、多くの卵包は直径 2〜6mm の部位に産卵されることがわかった（図Ⅲ-11）。直径 1mm 以下や、1cm 以上の部位には産卵しない。ススキ、ヨモギ、セイタカアワダチソウ、オギなどが、産卵場

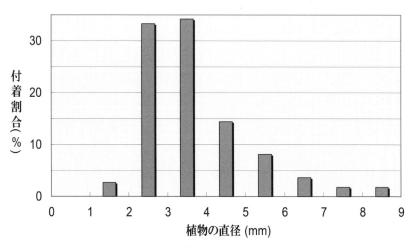

図Ⅲ-11　オオカマキリの卵包が付いている部位の植物の直径

　所として好まれる理由の一つは、その茎の太さにあるようだ。ヨシには
412個（4.7％）の卵包が発見されたが、ヨシの大群落では茎の太さが1cm
以上あり、産卵に適しない場合が相当あると思われる。マツ、スギ、サ
ワラ、イヌマキ等の常緑樹に産卵する時に、小枝の他に数本の針葉にか
けて卵包を固定している場合があった。また、セイタカアワダチソウに
産んだ943個の卵包のうち、1個だけ地上から30cmの高さで、茎を挟む
のではなく直径3cmの茎にくっつけて産卵したものがあった。
　自然界に見られる植物の分布密度から考えて、もっと多くのオオカマ
キリ卵包が発見されてもよさそうな植物は、イタドリとオオマツヨイグ
サ（一般にツキミソウと呼ばれる）である。しかし、それらの植物にはカ
マキリはあまり産卵しない。それは、両種ともオオカマキリの産卵にとっ
て茎が太すぎて、産卵に適さないのが原因と考えられる。
　茎や枝の太さの他に、産卵中に鳥などの捕食者に狙われ難いことも大
切だろう。産卵は雨の降らない穏やかな日で、鳥の活動が比較的穏やか
な10〜16時の間に行われる。産卵に要するのは3〜4時間（30度の実験

室なら約2時間）なので、その間に捕食者に見つかれば万事休すとなる。そこで、長時間外敵から身を隠すことができる植物を選んで産卵するのだと考えられる。また、産卵する場合の足場も重要で、茎だけで葉のない部位には産卵しない。オオカマキリは枯れ木や、枯れ枝には産卵しない。これは、身を隠す葉がないため外敵に見つかりやすいことと、足場の不安定さによるのだろう。産卵場所の選択はカマキリにとっては極めて大切であり、産卵行動が始まったら中止することはできないので、慎重に産卵場所を選ぶ必要があるのだろう。

7　セイタカアワダチソウの草丈と卵包の高さとの関係

　セイタカアワダチソウは北アメリカからの帰化植物で、日本では第二次世界大戦後急速に分布を拡大したと言われている。ブルドーザーで固く踏み固めた土地でも育ち、河川敷、空き地、休耕田など至る所で大繁殖している。秋季に開花し、多くの昆虫が訪花するこの植物の生える場所は、格好のカマキリの生息地となり、また産卵場所となっている（図Ⅲ-12）。セイタカアワダチソウは枝分かれせずに茎が直立する。草丈は、場所によって大きく異なり、肥沃な休耕田では草丈が高くなり、やせた土地では草丈が低い。北海道から九州まで調査していると、関東地方の休耕田のセイタカアワダチソウが1番高く、3mを超える場

図Ⅲ-12　開花期のセイタカアワダチソウ（格好のカマキリの生息地・産卵場所となる）

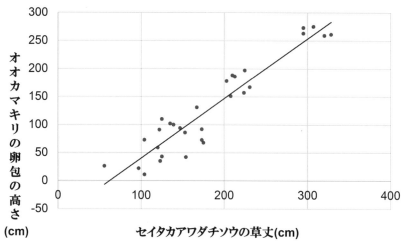

図Ⅲ-13　セイタカアワダチソウの草丈とオオカマキリの卵包の高さとの関係

合がある。背の高いものほど根元の茎の太さは太く、直径が1cm以上、時には3cmを超えるため、根元付近への産卵には適さなくなる。茎の太さは根元から上部に向かうにつれて徐々に細くなるので、産卵に適する茎の直径はセイタカアワダチソウの草丈に比例して高くなる。その結果、草丈と卵包の高さとに極めて高い正の相関関係が認められた（図Ⅲ-13）。なお、セイタカアワダチソウの花が咲く先端部に産卵されたものは、943卵包のうち皆無であった。その理由は、花の咲く部位は外敵に見つかりやすいことと、産卵するための足場の確保が難しいことだと考えられる。

8　チマキザサの高さと卵包の高さとの関係

　昔からチマキを作る時に使うのは、当年新しく伸びた新鮮なチマキザサであり、人々に長く親しまれてきた植物である。東北地方では野山に生えている最も普通のササである。チマキザサは群落で生えているだけでなく、毎年安定して生えるのが特徴で、オオカマキリの生息地として

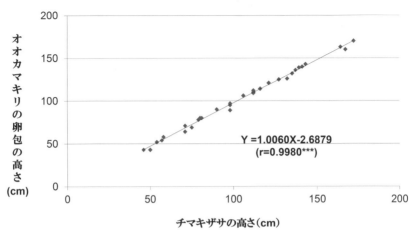

図Ⅲ-14　チマキザサ高さとオオカマキリの卵包の高さとの関係

最適な場所の一つである。そのササは先端にだけ葉が5～9枚（7か8枚
が多い）つき、途中には全く葉がない。背丈は50cmから2mくらいま
で変異するが、同じ場所に生えているササの高さはほぼ同じだ。日当た
りが良く、まばらに生えている所のササは日射に対する競争がないため
か背が低く、多少日陰で密生していると背が高くなる。チマキザサの群

落の端のササは背が低
く、群落の内部では高く
なる。チマキザサに産卵
した315個のオオカマキ
リの卵包は一つの例外も
なく、先端部の葉のある
部位にだけ産卵していた
（図Ⅲ-14・15）。茎の途
中には全く葉がなく、オ
オカマキリにとって身を
隠す場所も産卵時の足場

図Ⅲ-15　チマキザサに産んだオオカマキリの卵包

もないので、先端部の葉のある場所にしか産卵しないと考えられる。

　結論として、チマキザサの背丈とオオカマキリの卵包の高さとの関係は、極めて高い正の相関関係を示した。卵包の高さはチマキザサの高さと完全に比例していた。これは、卵包が先端の葉が茂る部位にのみ産み付けられるからである。

9　刈ったススキと卵包の高さ

　2010年10月22日、弘前から青森に行くJR奥羽本線の鶴ヶ坂駅から1.5kmほど北に進んだところで、夏にススキを刈ったために、刈っていない所よりも背丈が低くなっている群落を見つけた。刈ったススキと刈っていないススキが隣り合わせにあり、両方とも数百㎡の面積があった。

図Ⅲ-16　夏に刈ったススキの再生

両方のススキに付着した卵包の平均の高さを比較したところ、刈られていないススキの卵包の高さが平均76.3cmだったのに対し、夏に一度刈られたススキでは平均34.6cmだった（図Ⅲ-16、表Ⅲ-7）。平地で隣り合っている

表Ⅲ-7　刈ったススキに産んだオオカマキリの卵包の高さ

ススキの状態	n	卵包の高さ±SD
刈った場合	19	34.6±14.4cm
対照区	23	76.3±30.8cm

（2010年10月10日　青森市鶴ヶ坂で調査）

所なので、積雪深は変わらないだろう。オオカマキリはススキの草丈が高ければ高い所に産卵し、草丈が低ければ低い位置に産卵することが明らかになった。

10　スギの樹高と卵包の高さとの関係

　スギにオオカマキリの卵包が付着しているのを発見するのは容易ではない。見つかった111個の卵包は、いずれもJRの駅から徒歩で行ける距離で採集したものである。なお、スギ・マツ・サワラ・イヌマキなどの常緑樹では、カマキリは枝だけでなく葉の部位にも産卵する。仙台・山形間の仙山線の作並温泉、秋田県にかほ市、新潟県三条市帯織、青森市の大釈迦、鶴ヶ坂及び野内の計6ヵ所で、スギに付着した卵包が見つかった。青森市の大釈迦と野内では自然に種子がこぼれて育ったスギが一部含まれているが、他は人工林である。111個が付着していたスギの樹高

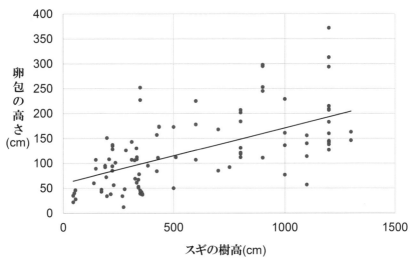

図Ⅲ-17　スギの樹高とオオカマキリの卵包の高さとの関係

と卵包の高さとの相関係数を求めると、自由度 111 − 2 = 109 で、r = 0.622 となり、危険率 0.1 ％以下で、極めて高い正の相関ありと判定される（図 Ⅲ-17）。すなわち、スギの樹高が高いほど、オオカマキリは高い所に産卵し、樹高が低ければ低い位置に産卵する。なお、相関係数が有意か否かは、0 は無相関、± 1 は完全相関で 1 に近いほど相関が高いと言えるが、調査数が多ければ相関係数が小さくても有意となり、自由度（調査数− 2）が 100 なら r = 0.3211 より大きければ、危険率 0.1 ％で有意となる。調査数 10 なら、危険率 0.1 ％で有意になるためには r = 0.8721 以上を要する。

11　カマキリの耐雪性

　豪雪地帯のカマキリの卵包の多くは、冬の間雪に埋もれる。特に草に産んだ卵包は、全て雪の下になる。その場合、卵が生存できるだろうか？この疑問を解くために、2006 年の 4 月に、弘前の野外で冬の間のほぼ 3 か月間、雪に埋もれていたオオカマキリ越冬卵包を採集し、25 度に加温してみた。すると、それらの卵のほぼ全部がふ化した（表Ⅲ-8）。卵包はヨモギ、ススキ、ナワシロイチゴ等に付いて完全に雪の下になっていたのに、卵は何の問題もなくふ化した。また、2005 年 5 月 2 日に山形県朝日町の豪雪地の休耕田で雪により倒れ、厚い雪の相の下敷きになっていたヨモギやオギに付着した卵包を採集し、加温してみた。この時も問題

表Ⅲ-8　オオカマキリ卵の積雪耐性

積雪下日数	付着植物	卵包数	卵数	ふ化数	死卵数	ふ化率(%)
約90日	ヨモギ	17	3,251	3,147	104	96.8
〃	ススキ	15	2,901	2,828	73	97.5
〃	ナワシロイチゴ	15	2,987	2,970	17	99.4
0日	−	15	2,870	2,788	82	97.1
62日	ヨモギ	15	2,872	2,872	60	98.3
	ススキ	15	2,940	2,940	74	97.5

なくふ化してきた。さらに、2007 年 1〜3 月にかけて 62 日間自宅の庭で
雪に埋めて置いたヨモギとススキに付いたままの卵包を加温しても、雪
に埋めないで野外に放置した対照区と同様に高いふ化率を示した。また、
2008 年除雪機で雪を吹き飛ばし 4 m を超える高さに積み上げられた場所
の雪が 4 月 10 日に消えて、その下から 4 個の卵包が見つかった。それら
を加温したところ 565 匹の幼虫がふ化した。ふ化率は 98.8％であった（表
Ⅲ-9）。これらの観察は、オオカマキリの卵が雪の下の低温でも、4 m も
の雪の重量にも影響を受けることなく越冬できることを証明していた。

　耐雪性に地理的多様性がある可能性も考えられるので、青森県のオオ
カマキリだけではなく、新潟市、千葉県富津市、静岡県下田市及び宮崎
県高鍋町で採集した卵包を、青森県の弘前市で、70 日以上雪に埋めた後
に、25 度に加温し生存率を調査した（表Ⅲ-9）。なお、卵包はお互いに接
することがないように雪に埋め、ふ化率の調査では卵包ごとに、空気孔
を開けた 90mℓ のプラスチック製容器に入れ、ふ化幼虫数を調査した。
ふ化後の卵包は、実体顕微鏡下でピンセットとカッターを用いて分解し、
ふ化しなった卵を数えた。卵期の天敵カマキリタマゴカツオブシムシや
オナガアシブトコバチが寄生した卵包は、調査対象から除外した。実質
的に積雪のない千葉県、静岡県及び宮崎県産のオオカマキリの卵を、青
森県弘前市に移して雪に長期間埋めても、何の問題もなく無事越冬し正

表Ⅲ-9　生息地の異なるオオカマキリ卵の積雪耐性

産地	条件	調査年	卵嚢数	ふ化数	死卵数	ふ化率(%)
弘前	4mの雪	2008	4	565	7	98.8
新潟	雪75日	2008	5	948	7	99.3
富津	雪70日	2009	4	809	13	98.4
下田	雪60日	2010	5	1,058	11	99.0
宮崎	雪60日	2009	4	789	6	99.2

常にふ化できることは特筆に値する。

　世界的に見るとカマキリは熱帯地方ほど多数分布し、赤道から離れる
に従って生息種数が減少する。このことはカマキリ類の起源が積雪のな
い暖地であり、寒地へ向って分布を拡大してきたことを示している。と
ころが、オオカマキリの卵は北に分布を拡大する途上で耐雪性を獲得し
たのではなく、雪や寒さに出会う前から前適応としてこの性質を持って
いたと考えられる。

　地球上の植生はほぼ気温と降水量できまる。気温が低いことと降水量
が少ないことは、ともに動植物の発育や活動を妨げる大きな要因となる。
熱帯・亜熱帯の平地にカマキリが生存できないような寒さはない。しかし、
雨季と乾季が顕著な地域が多く、乾季には水分不足により植物が育ちに
くくなる。植物が少なくなるとカマキリの餌となる昆虫なども極端に減
少する。この状況は冬期に餌がなくなる温帯以北の状況によく似ている。
実は乾燥に耐えることと寒さに耐えることには共通点がある。

　乾燥に耐えるには脱水を防止する必要があり、カマキリの卵はどの種
も卵包の中に保護され、卵が直接外気に触れることはなく、外部からの
影響を受けにくくなっている。乾季に培われたと考えられるこの卵包の
特性は、日本の豪雪地帯でも生きている。雪の中は０度前後で、凍結し
て卵が死亡することはなく、外部と遮断された卵包の構造は豪雪地帯で
の越冬には最適なのだろう。

　このようにカマキリの卵包は南の乾燥地帯で耐乾性を獲得し、この性
質がそのまま寒地での耐雪性に通じることになったと考えられる。

　また、オオカマキリの卵包の外側は、弾力のある柔らかいクッション
になっているが、卵が収まる中心部は固いタンパク質の層で覆われてい
ていて、卵包全体の1/4ほどの容積しかなく、雪が固くしまっても卵に
被害が及びにくい構造になっている。その構造によって、卵包が長期間
雪に埋もれても中の卵が守られているのだろう。

表Ⅲ-10　ウスバカマキリ卵の積雪耐性

卵包番号	卵数	ふ化数	未ふ化数	ふ化率(%)
1	170	170	0	100
2	151	144	7	95.4
3	124	120	4	96.8
4	86	84	2	97.7
平均	132.8	129.5	3.3	97.5

(2017年　2月3日〜3月20日　卵包雪中)

　チョウセンカマキリ、コカマキリ、ハラビロカマキリ、ウスバカマキリの卵包についても、同様に調べてみた。どのカマキリの卵包も雪の中で長期間、何の問題もなく生存することができた。代表してウスバカマキリの耐雪性を示した（表Ⅲ-10）。また、各種カマキリの卵の天敵であるオナガアシブトコバチとカマキリタマゴカツオブシムシが出てきた卵包もあったことから、これらの捕食者も同様に雪の中で無事越冬できることがわかった。

12　カマキリの耐水性

　生存する上で給水を必要としない昆虫がいる。カツオブシムシ、ミールワーム、イガ、ノシメコクガなどは、食べた餌に含まれる炭水化物やタンパク質等を分解して得られる構造水を利用できるので、給水の必要はない。ミールワームはフスマだけでも十分育つのだが、ニンジンやタンポポの葉を与えると好んで食べる。一方、どの種のカマキリも幼虫、成虫期を通じて給水は必須である。しかし、捕食した餌からも水分は得

　られるだろ。また、卵の耐乾性は強く、卵包に1回も外から水分を与え
なくても無事ふ化できる。

　多雪地帯では、越冬後休耕田などで数日間完全に水に漬かっているオ
オカマキリの卵包が見られる。それらの卵は死亡することはないのだろ
うか？ また、雪が多くの水分を含みベタベタになっている雪の中でもカ
マキリの卵は無事越冬できるだろうか？ その点を確かめるために、自
宅の外にある水道の下に設置した野外のコンクリート水槽(30 × 30 ×
30cm)に水を入れ、オオカマキリの卵包を重りにする石とともに網戸用

の網に包んで水中に沈
め、経過日数と生存率
との関係を調査した(図
Ⅲ-18)。25度に加温し
てふ化した卵を生存卵、
ふ化しなかった卵を死
亡卵とした。その結果、
生存率は水浸30日連続
で93%、水浸60日で
も77%であった。1回
当たりの加温卵包数は5
個(約850卵)、水浸期
間は2007年1〜3月で、
その間の水温は1〜2月
は0〜1度で、3月に7
度になった日があった。
冬期間水の中で長期間
死亡しないのだから、
どんなに水分を多く含

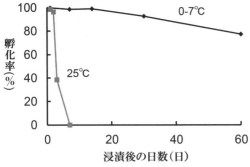

図Ⅲ-18　オオカマキリ卵の耐水性
(上段:調査環境／下段:水浸日数とふ化率の関係)

んだ雪のなかでも、ほとんどの卵が生存できると考えられる。

　なお、25度でオオカマキリの卵包を水に沈めた場合は、3日間までは全く死亡しないが、5日で61％、7日間沈めたものでは100％死亡した。9～10月に台風の影響で増水し河川敷などの植物に付いた卵包が、水浸することがあるが、大抵3日以内に水は引く場合が多い。だから、洪水でカマキリの卵が死亡することはめったにないだろう。実際、洪水で増水した河川敷にあった、倒れたセイタカアワダチソウに付いた卵包からも正常にふ化した。このように、胚発育が可能な温度で卵包が長期間水浸すると卵は死亡するが、卵の胚発育が進まない温度になる冬季には、呼吸と代謝が抑えられて、長期の水浸に耐えることができるのであろう。

13　カマキリの津波耐性

　2011年3月11日、東日本は未曽有の大震災と津波に襲われた。そこでオオカマキリの卵が津波の襲来によって死亡するか否かを明らかにする実験を行った。手始めに、海水耐性を調べた（図Ⅲ-19）。2014年11月

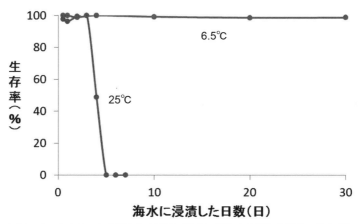

図Ⅲ-19　オオカマキリ卵の海水耐性（海水に卵包を浸漬した場合の生存率）

11 日に青森県むつ市大湊に卵包の採集に出かけた。その折に、ペットボトルで 3 本、6ℓ の海水を採取し、6.5 度と 25 度で卵包を海水に浸漬して、卵の生存期間を調べた。6.5 度では 30 日浸漬し続けても、生存への悪影響は全く認められず、25 度に加温すると正常にふ化した。一方、25 度の海水に卵包を浸漬した場合には、5 日後に死亡卵が現れ、7 日後に全滅した。その結果、水道水と海水とで耐水性の差は全く認められなかった。なお、25 度で卵包を海水に入れると、水道水と同じように、卵包は水の上に浮き問題なくふ化してきた。

　次に、東日本大震災の折に津波が襲来したことで、オオカマキリの卵が被害を受けたか否かを明らかにするために、2014 年 9 月 30 日に名取市にある仙台空港周辺で、オオカマキリの調査を行った。仙台空港付近は津波で完全に水没した地域である。見渡す限りセイタカアワダチソウが繁茂していて、オオカマキリの生息に最適と思われたが、成虫、卵包ともに全く発見できなかった。しかし、同年、私の娘が農林水産省の植物防疫官として仙台空港に勤務していたのだが、空港ビルにオオカマキリの♂成虫が複数飛来したのを後日目撃している。ただし、大震災前に空港周辺にオオカマキリが生息していたか否かは確かめていないので、津波の影響は明らかにできなかった。

　東日本大震災が起こる 50 日ほど前の 2011 年 1 月 20 日に仙台市と石巻を結ぶ JR 仙石線の松島海岸駅で下車し、駅前から仙台の方向に国道 45 号を 300m ほど戻った海岸に面した小公園で、ヨモギに付着したオオカマキリの卵包を数個発見した。その同じ小公園で大震災から 4 年後の 2015 年 3 月 3 日にも卵包を見つけた。その公園に接している国道 45 号に津波が襲来した高さを示す標示から、小公園は完全に津波に沈んだことは明らかだ。

　当時、JR 仙石線の一部が大震災の被害で不通になっており、松島海岸駅と矢本駅の間はバスによる代行運転が行われていた。そのバスに乗

車し、大震災の津波の襲来で完全に水没した場所を探した。バスの窓から眺め、調査場所は東松島市野蒜に決定した。当日は既に夕方だったので、翌日3月4日に旧野蒜駅から1km以内の平地で3時間ほど探したところ、オオカマキリの卵包を126個採集できた。卵包は主にセイタカアワダチソウ、ヨモギ、アズマネザサ等に付着していた。その採集場所が津波襲来時に完全に水没したことは明白であった。壊れたままの空き家、スギの葉は赤く枯れ（図Ⅲ-20）、仙石線の線路の砂利が全て山側に流されており津波の威力のすさまじさを物語っていた。また、旧野蒜駅には大

震災時の被害状況を撮影した多くの写真が展示されていて、駅舎の屋根近くに津波が襲った高さが矢印で示されていた。津波襲来から4年後の調査ではあるが、オオカマキリは簡単に分布を拡大できる昆虫ではなく、新たな休耕田に進入するには4〜5年かかること、調査した前年の2014年の秋にすでに多くのカマキリがいたこと、卵包が海水に強いことなどから、オオカマキリは津波耐性が十分あって、直接的被害はあまり受けな

図Ⅲ-20　オオカマキリ卵の津波耐性に関する調査地
（仙石線旧野蒜駅付近〈宮城県〉）

かったと考えられる。千年に1回の割合で大津波が来るとしても、1億年以上生き続けているカマキリにとっては10万回も経験済みで、大津波はほとんど生存を脅かす要因ではなかったのかもしれない。

　旧野蒜駅の前で帰りのバスを待っている間に、現地の女性に会った。津波が襲来した時のすさまじい破壊力について話してくれた。平地の家屋は全懐したという。松島海岸駅までバスに同乗しながら対話した。彼女に何のために野蒜に来たのかと問われ、青森県弘前市から津波でカマキリの卵がどうなったかを調査するために来たと答ええたのだが、とっさに現地の人々が生死の境で苦しんだ後だというのに、自分のやっていることが身勝手で浮世離れしていて申しわけないと感じて冷や汗が出た。しかし、その女性は「あなたは幸せな人だ」と言ってくれた。野蒜から松島海岸駅までバスに同席し、カマキリ談義をした。その女性は東南アジアに生息するハナカマキリに大変興味を示しておられた。東日本大震災では野蒜地区だけで515名が犠牲になった。現在、住民は高台だった野蒜が丘に移転し、仙石線の野蒜駅と東名駅は元の位置から500mほど内陸の高台に移転した。震災後2つの小学校をまとめて宮野森小学校が2017年1月に開校した。

14　カマキリの野焼き耐性

　カマキリが生息する草原は、しばしば野焼き(野火焼)が行われる。昔は現在よりも多くの場所で野焼きが行われていただろう。落雷などによる自然発生の山火事などもあり得るだろう。野焼きでオオカマキリの卵はどうなるのだろうか？ 2006年4月24日、青森県黒石市で道路の側面の土手を野焼きした場所に、すっかり黒焦げになった卵包を見つけた。炭のように真っ黒だったが、念のため持ち帰り25度に加温したら、思いもよらぬことに39匹ふ化した。

　また、2012年3月27日、ニホンジカで有名な奈良市若草山で、野焼きのために黒焦げになったススキに付いた1個の卵包を発見した（図Ⅲ-21）。若草山は毎年1月末に野焼きすると、売店の人が話してくれた。その卵包を持ち帰り、25度に置くと187匹ふ化し、ふ化しなかった死卵は18個であった。また、2020年3月那須塩原市で野焼きにより焦げたオオカマキリの卵包をみつけた。それから188匹ふ化し、11個の卵はふ化しなかった。

　ファーブルは『昆虫記』の中で、カマキリの卵包の外側はタンパク質でできていて、驚くべき断熱効果があることを記している。上述した3

図Ⅲ-21　オオカマキリ卵の野焼き耐性
（上段：奈良市若草山の野焼き跡／下段：焦げたオオカマキリ卵包）

例のふ化率は異なるが、外観は炭のように真っ黒に焼けた後でも、中の卵がふ化できることは驚嘆に値する。野焼き耐性は十分あると言えるだろう。

Ⅳ 「カマキリが高い所に産卵すると大雪」の真偽

1 雪国の生活

　新潟県選出の衆議院議員、故田中角栄元首相は、群馬県との境の三国山脈をダイナマイトでぶっ飛ばし、その土砂を日本海に運んで、海を埋め立てて佐渡島と陸続きにすれば、新潟県に降る大雪は回避することができ、しかも新潟県の面積を大幅に拡大することができると考えたそうだ。

　新潟県に大雪が降るのは、日本海から吹き付ける湿気を多く含んだ風が、東側の山脈に当たって雪雲を形成し、豪雪をもたらすからである。豪雪地帯の住民にとって冬は毎日が雪との戦いだ。隣人どうしの会話も雪の話が多くなる。積雪の多少が冬の生活を楽にするか苦にするかを決定する一大事だからである。除雪のための労力や経済的負担も大きいし、大雪の朝は玄関から道路に出るだけでも容易でなく、老人だけの家では豪雪は死活問題である。また、大雪で村や町の交通が遮断されて孤立することもあり、冬の間住民は除雪した道路以外には足を踏み入れることができなくなり、活動範囲が積雪のない期間に比べて極端に制限され圧迫感を覚える。

　大雪はスキー場などを除けば、住民に不利な条件だけを与える。太平洋側に比べて日本海側の雪国には、大学を始め、研究機関や工場も少ないのが現実だ。積雪量さえ少なければ厳寒地でも暖房によって寒さの問題は解決するが、豪雪地の雪は歓迎されない天からの贈り物であり、そこに住む住民はじっと春の雪解けまで耐えることしかできない。今年は大雪か、小雪か、せめて冬の前にわかれば豪雪地の住民は心の準備ができるので、大いに役立つわけである。

　雪国の各地に「カマキリの卵包の位置が高い年は大雪、低いと小雪」という「言い伝え」があった。気象学者の宮沢清治(1991)もカマキリの雪予想について記している。モズがバッタ、カナヘビなどをトゲのある

木に刺しておく「ハヤニエ」の高さでも、積雪深の予知ができるともいわれている。動物や植物にちなんだ雪予想の多くは、単なる「言い伝え」で、真実であると信じている人は少ないと思われる。そんな中にあって、カマキリの卵包の高さと最深積雪との間に、高い正の相関があり、統計学的に信憑性がある、と科学的に証明した人がいる。

　その人は、新潟県長岡市在住の民間の研究者である酒井與喜夫さん(以下Ｓさん)である。日本土木学会、雪工学会等に学術論文を発表し、オオカマキリに積雪予知能力があることを解明した功績で、1997年に国立長岡技術科学大学で、博士(工学)の学位を取得された。

　Ｓさんは昭和38(1963)年の大雪、いわゆる３８豪雪で北陸地方が、記録的大雪に見舞われ、大被害を被ったことを機に、事前に積雪深を知る方法を探した。その結果、たどり着いたのが「カマキリの雪予想」だった。彼はオオカマキリの卵包の高さと積雪深との関係について大々的に調査を開始した。以下Ｓさんの研究の概要を紹介したい。

2　学術論文

　研究者は自分の研究分野の学会に所属し、研究を口頭発表したり、論文投稿できる。投稿する論文は学会の編集局に送られ、編集局では論文の内容をみて、誰がその論文を評価するのにふさわしいかを判断して査読者(レフリー)に校閲を依頼する。従って、学会誌に掲載される論文は、審査をパスした論文だけである。掲載価値がないと判定されれば、却下される。書いた原稿がそのまま論文になるものから、レフリーからの指摘で何度も修正されたのちに登載されることもある。また相当高いレベルの研究論文でないと登載されない学会誌や国際誌もあり、さまざまである。1993年「雪を占う」と題するＳさんの論文が日本土木学会誌に登載された。

　その論文の中に「カマキリを観察して「雪を占う」なんて世間の笑い者になることが一番心配でもあった」と記し、「草に産卵したものでは、カマキリにとって厳しい冬を乗り越え、無事子孫が残されても、積雪深との関係を見いだそうとしている者にとっては、役に立たないデータである」と記している。また「カマキリは、枝や葉に付着した雪の重みで枝が垂れ下がることを知っていたのである」。さらに「吹き溜まりになりやすい場所と吹きさらしの場所とをカマキリは、判断していたのである」とも記している。

　1994年には日本雪工学会誌にSさんは、湯沢昭さんとの共著論文「カマキリの卵ノウによる最大積雪深予測の可能性」を発表したのだが、この論文は、具体的な研究内容が最も的確に表わされている。後述するSさんの著書『カマキリは大雪を知っていた』の付録として、上述の論文の抜粋が引用されている。それによると、カマキリの卵包の高さと、積雪深との関係を緯度、経度、標高の3変数を、コンピューターを用いて重相関係数を求めて分析した。その結果、古来より言い伝えられてきた「カマキリが低い所に産卵すると小雪」という言い伝えは、統計学的に信憑性があることが十分認められた、と結論づけた。

　「カマキリが高い所に産卵すると大雪は本当か」と題する論文（酒井・湯沢, 1997）は、日経サイエンス創刊25周年記念論文賞優秀賞に輝いたもので、S・湯沢昭共著で発表された。編集部のコメントとして「カマキリは秋に、卵がつまった卵嚢を草や木の枝に産みつける。その際、本能的に積雪の影響を配慮し、その年の積雪量を"予測"して、安全な場所に産卵する。すなわち、その冬の積雪が多いと木や草の高いところに卵を産むのである。

　著者たちは、カマキリが木の枝葉に産み付けた卵嚢の高さから、その年の最大積雪深を予測し、その結果、「カマキリが高い所に産卵すると大雪」という言い伝えには、十分信憑性があることがわかった」とある。

3　学位論文

　Sさんは、1997年国立長岡技術科学大学で博士(工学)の学位を取得された。Sさんは論文博士である。大学や研究所に勤務する研究者が博士号を取得するのが一般的だが、民間の研究者が博士号を得るのは容易なことではない。驚くほどの長期間研究を継続し、良い研究テーマに恵まれ、世間の注目をあび、学位審査権を持つ大学院大学の教授に研究内容を認めてもらう必要がある。恵まれない環境下で苦労して取得した博士号は、一般の研究者が得た学位よりは希少価値があり、高い評判になって、メディアに取り上げられることも多い。

　1997年5月に学位審査のための公聴会が開催され、同年6月にSさんには博士(工学)の学位が授与された。論文のタイトルは「カマキリの卵ノウ高さと最大積雪深との相関に関する実証的研究」である。Sさんは学位取得前からカマキリ博士と呼ばれていたが、文字通りの「カマキリ博士」なった。カマキリの卵包の高さと最大積雪深との相関が高いことを根拠に、最大積雪深の長期予測に利用することが可能であることを示した画期的な学位論文だった。

　なお、カマキリの研究を行って、何で博士(工学)なのかと不思議に思われる人もいるかもしれない。学位名は学位申請論文を提出した大学の学部名が付くのが一般的である。医学部に提出すれば博士(医学)、理学部なら博士(理学)、法学部なら博士(法学)となる。旧制度では医学博士、理学博士などとなっていたが、1991年以降は専門分野をカッコに入れる現在の形に変更された。Sさんの研究はカマキリに焦点を置くのではなく、最深積雪を予知するための工学的知見を得たことに意義があり、カマキリの卵包の高さは最深積雪を知るための手段であると考えられたのだろう。

4　著書『カマキリは大雪を知っていた』

　Sさんは、2003年に農山漁村文化協会から人間選書として単行本『カマキリは大雪を知っていた』を出版した。1963年にカマキリによる雪予想の研究を開始してから、40年目の集大成である。学会誌に発表する研究論文は一部の専門家にしか伝わらないのに対し、本書は一般国民に向けて、読みやすくカマキリが各地ごとに最深積雪を予知して、雪に埋もれない高さに産卵することを明らかにし、雪国で生活する人々におおいに役立っていることを、自然への情愛を込めて執筆したものである。

　初版から1年で第4刷発行となり、インターネットにはこれまでに7万部発行されたと書き込みがあった。いわゆる専門書は、一般に高価であり、発行部数が数百〜数千の出版物が多い中で、「カマキリの雪予想」は、まさしくベストセラーと言える。カマキリの雪予想がメディアに伝わり、全国的に知名度が高まるきっかけになった本である。

5　『冬を占う』の発行

　カマキリの研究を開始してから20年余り経過した1986年に、Sさんの経営するS無線のお客さんから、積雪予報に関して「あなたの予測はよく当たる。そこで刷り物にしてほしい」と要望されたそうだ。雪の情報は社会に役立つと薦められ、それに答えて、どこでどれだけの積雪になるかを予想して、1987年から印刷物にして関係者に配布し始めた。

　それ以来、2013年まで27年間、各地の最深、積雪を予測し、公表されてきた。初期は10cm単位だったのが、後半では1cm単位の予測になった。カマキリの卵包の高さから最深積雪を予測する話は、メディアを通してどんどん有名になり「私の地方ではこの冬どうでしょうか」という問い合わせの電話が多くあったそうだ。それを受け、住民の要望などに

応えるかたちで、予想地点は年々増えて 2012 年には新潟県で 264 か所、内訳は下越地方 94 か所、長岡地域 101 か所、魚沼地域 39 か所、上越地域 30 か所になった。

　加えて隣接県で 60 か所、内訳は山形県 26 か所、福島県 10 か所、長野県 21 か所、富山県 3 か所が含まれていた。新潟県と隣接県とで合わせて 324 か所で○○市役所、○○支所、○○小学校、○○ IC など、誰でも知っている場所ごとに、予想される最深積雪を cm 単位で、冬を迎える前の 10 月に公表し続けたのである。ネット上に「最深積雪ほぼ的中か」、「怖いほど的中する "カマキリ博士の未来予測"」などと出ている。その結果、27 年間も雪国の住民の期待に応えて『冬を占う』を発行できたのだと思われる。2002 年〜2008 年は財団法人新潟県建設技術センターが、S さんの研究活動に対して経済的支援を行っている。

　S さんはさまざまな面で秀でた人である。文章はうまいし、絵もうまい。写真技術はプロレベルである。講演会での話術にも優れ聴衆を魅了できる。2008 年 5 月 15 日に、「信濃毎日新聞」の元記者である浅川浩さんが、長野から弘前の私の自宅までわざわざ来られた。その折、彼は、S さんから毎年送られた『冬を占う』を多数持参された。宛名はどれも毛筆で書かれていたが、それらは今まで見たことがないほど達筆であった。『冬を占う』は S 無線の取引先、メディア関係者、行政機関等に送られた。受け取られた人々は、誰でも宛名の毛筆の見事さを絶賛し、また圧倒されたに違いない。なお、『冬を占う』の表紙にはいつもカマキリの写真が載っていた。

6　メディアによる喧伝

　日本を代表する家庭向け生活雑誌である『暮しの手帖』2005 年 4-5 月号に S さんの「カマキリの雪予想」が掲載された。豪雪地帯に住む人々

　の雪との戦い、生活と雪との関係、何とか積雪深を予知する方法を知り
たいと望む住民の願いを受けて、40年余りの研究成果として、カマキリ
の産卵位置の高さから、雪予想する方法を確立し、暮らしに密着した成
果が得られたことを見事な文章で述べている。自然の不思議をたたえ、
昔からの伝言に信憑性があることを証明したエッセイとして、諸手を挙
げて拍手喝采したくなるものであった。長期に渡る地道な研究、地元へ
の貢献、文章の美しさ、自然への畏敬の念に感服し、カマキリの予知能
力に感銘を受けた人々が多いはずである。

　その「カマキリの雪予想」が、文芸春秋社から出版された2006年版ベ
ストエッセイ集の表題作に選ばれた。2005年に発表されたエッセイのう
ち2回の予選を通過した182篇の候補作からさらに厳選された60篇がベ
ストエッセイに選ばれ、その中で「カマキリの雪予想」がそのままその
年のエッセイ集のタイトルになったのである。言わば日本一のエッセイ
に選ばれたようなものである。おそらく誰が選考委員でも「カマキリの
雪予想」は一番になったのではないだろうか。抜群の面白さ、自然の不
思議さと奥深さに引き込まれる魅力的なエッセイである。文藝春秋社の
「'06年版ベスト・エッセイ集」は『カマキリの雪予想』と題され全国の
書店に並ぶこととなった。その結果、カマキリの雪予想はますます広く
国民に知れ渡ったのである。なお、同書には渡辺淳一(作家)、阿刀田高(小
説家)、中島誠之助(古美術鑑定家)、半藤一利(作家)、金田一秀穂〈杏林
大学教授〉、磯田道史(歴史学者)、田部井淳子(登山家)、井上ひさし(作家)
など、そうそうたる著名人のエッセイが収録されている。

　2007年11月18日にNHK総合テレビで、「偉いぞカマキリ」と題し
て、カマキリが高い所に産卵すると大雪になるとする放送を行った。冷
たい雪の中で長時間埋もれていると、卵は死亡するので、雪に埋もれな
い高さに産卵すると、解説していた。Sさんが自身で開発したセンサー
を使って樹木に伝わる振動を測定している姿をとらえた映像も放映され

た。NHK側もカマキリの雪予想は正しいと確信して放送したに違いない。天下のNHKが放送した科学番組が間違っていると思う国民は皆無に近いだろう。

　また、同年12月16日に、朝日新聞が紙面の一面全部を使って「積雪の量カマキリがズバリ」と大字の見出しで、スギの枝に産んだ卵包の写真つきの記事を掲載した。それは、社会社説担当の前田史郎記者の記名入りの記事である。さらに2010年3月16日には読売新聞が「『高い所に卵産むと大雪』カマキリが的中」の見出しの記事を掲載した。お天気キャスターの森田正光さんが気象番組の全国放送で、とうとうとカマキリの雪予想の話をしていた。関西テレビでも、Sさんが出演してカマキリの雪予想の話を放送し、全国に広く受け入れられていった。

　NHKの気象予報士の伊藤みゆきさんは、私が聞いただけでも3回、カマキリの雪予想の話をラジオで報道していた。NHKのEテレのピタゴラスイッチで、また民放の島田紳助さんの「1分間の深イイ話」などでも取り上げられ、子供向けの自然科学図鑑や写真集などにもカマキリは雪に埋もれない高さに産卵されると記されている。2017年8月11日朝のラジオの全国放送、鈴木杏樹の「いってらっしゃい」でも、カマキリの雪予想の説明をされていた。2018年、私の住む弘前市の「かみまつばら文芸」には、「蟷螂に今年の雪を聞いてみる」という俳句が載っていた。2020年3月24日NHK青森夜のニュース番組「あっぷるワイド」でオオカマキリが低い所に卵を産んでいる写真を示しながら、今年は積雪が少ないから、カマキリが低い位置に産卵したのだろう、と説明していた。子供向けに学研から出版された『自然大図鑑エコロ』(2007)にも、カマキリは卵を「雪がかぶらないくらいの高さに産みつける」と記されている。

　著名な動物行動学者で日本昆虫学会長をされた日高敏隆先生が、著書『春の数えかた』(2001)と『ネコはどうしてわがままか』(2008)の両方に、それぞれ「動物の予知能力」「カマキリの予知能力」の項目で、カマキリ

の雪予想を支持するエッセイを載せている。また、日本昆虫学会長を歴任された安富和男先生も自著『虫たちの生き残り戦略』（2002）の中の「大雪を予知するオオカマキリ」の項で、Ｓさんの研究を紹介し「超能力」としかいいようがない、と記している。私も所属する日本昆虫学会の会長を歴任された著名な２人が認めたカマキリの雪予想説に疑問を持つ人は、専門家の間ですら、当時いなかったであろう。

　私は山形県の出身で、寒河江高校同級会が開催された2014年9月28日に、カマキリの雪予想を知っているか否かを挙手によって確認したところ、首都圏に住んでいる同級生が多いにもかかわらず、参加した65人中の過半数が知っていた。私の知人、カマキリ採集で出会った農家の人、タクシーの運転手、自転車屋さん、床屋さん、会社員などもカマキリの雪予想は本当だと思っている。

　国立大学で博士の学位を取得したことは、国が認めた研究であり、複数の著名な専門家が支持したカマキリの雪予想、つまり、高い位置に産卵した年には大雪、逆に低い位置に産卵すれば小雪。卵包の高さから積雪深を予測できるとする話題は、メディア・スクラムで長期にわたり喧伝され続けた結果、全国津々浦々まで知れ渡るようになった。インターネットで「カマキリ博士」のたった一語で検索しただけで、数万の書き込みが出てくる。カマキリ博士とは、勿論Ｓさんのことである。

　以上、延々と「カマキリが高い所に産卵すると大雪」の言い伝えが古くから雪国の各地にあり、それをＳさんが科学的に実証し、著名な専門家たちがＳさんの研究を全面的に支持し、雪国の住民に役立つ超面白い話なので、メディアがこぞって取り上げ続けた結果、日本国民の多くがカマキリの雪予想は定説だと思うようになった経過を記した。

　しかし、しかし、驚くべきことに「カマキリの雪予想」はとんでもない間違いで、99.9％あり得ない話なのである。全国津々浦々まで定説として知れ渡っているカマキリの雪予想が間違っていると反論して、もし私

が間違っていたら大変なことになるだろう。それを主張するには、大げさに言えば切腹するだけの覚悟がなければできない。雪予想はおおむね的中していたのだから、いまさら何を言っているのかと納得できない方も多いはずである。以下、カマキリの雪予想がなぜ間違いであるかを、実験結果をもとに説明したい。

7　「カマキリの雪予想」は間違い

（1）雪予想との出会い

　昆虫は地球上で大繁栄し、ヒトの想像を超える行動や生き方をする種がいる。ハキリアリは木の葉を切り取って巣に運び、それを培地にしてキノコを栽培して食料にする。いわば、農業を営むアリである。イネの害虫であるイネクビボソハムシの幼虫は自らの糞を背中に背負ってカムフラージュして捕食をのがれる。卵ではなく幼虫を産むニクバエがいるし、鳥の巣などに寄生するシラミバエは、老熟幼虫まで体内で育ててから産み、すぐに蛹になる。成虫になった後で体サイズが３倍にも大きくなるミカンの害虫であるヤノネカイガラムシもいる。「例外のない規則はない」の言葉そのままに、自然界には不思議がいっぱいあり、カマキリが雪予想すると聞いて感心はしても、それほど驚かないのかもしれない。

　私は2004年に、カマキリの研究を開始した時点では、カマキリの雪予想の話は知らなかった。日曜日も含めてほぼ毎日、夜の10時ころまで大学の研究室にいたので、世情に疎く昆虫学に関する知見すら広くは持ち合わせていなかった。私が退職後にカマキリの研究を始めたことを知った卒業生や知人から「カマキリの雪予想」は本当ですか？と聞かれたが、当時は何のことかチンプンカンプンであった。卒業生の一人が、Ｓさんの著書『カマキリは大雪を知っていた』を購入して学会の折に私にくれ

た。その本を読んでびっくり仰天した。カマキリの研究を始めてほぼ1年経過しただけだったが、雪が消えた後にススキやヨモギに付いたまま地上にころがっている卵包を持ち帰って加温すれば、何の問題もなく正常にふ化することを、すでに知っていた。だから、卵包を雪に埋もれない高さに産むことを前提にした「カマキリの雪予想」は間違いであることに、私はすぐに気付いた。まず、弘前市内よりも毎年確実に積雪の多い岩木山の麓の百沢地区で、オオカマキリの卵包の高さ測定したが、市内に比べて少しも高い位置には産卵していないことを確認した。その後もカマキリの研究を続け、それが確信になった。

　私は2007年9月16日、神戸大学で開催された日本昆虫学会で「カマキリの『雪予想』は間違いである」というテーマで発表した。その折に沖縄在住の昆虫研究者の杉本雅志さんが「雪が降ったら、雪の上にある卵包しか見えないので、カマキリの雪予想の言い伝えが生まれたのではないか」とコメントをしてくれた。それまで気付かなかったが、まさにその通りだと私も思った。雪の中や雪の下にある卵包は見えないが、積雪の上に出ている卵包だけが見える。1mの積雪がある時には、それより高い所に付いている卵包が見え、2mの積雪があればそれより高い位置の卵包だけが見える。だから、カマキリは積雪深を予知できるとの言い伝えが生まれたと考えられる。また、オオカマキリの卵包が付いているドウダンツツジ、ノイバラ、ハリエンジュなどの落葉樹は、冬の前に葉が落ちるので卵包が目立つようになる。常緑樹に付いている場合も、地面が雪で真っ白になると、バックの色彩の関係でオオカマキリの卵包を積雪前よりも見つけやすくなる。それらの理由で、カマキリの雪予想説が生まれたと考えられる。

　Sさんによるカマキリの雪予想が実際の積雪深とある程度合致しているのは事実である。秋に予想した最深積雪と冬になってからの実測値との間に正の相関関係が確かにあるのだ。だから、カマキリの雪予想は正

しいと思うのは当然であろう。問題は、雪予想したのはカマキリか、それともSさん本人か、である。私の調査では、カマキリの産卵する高さと、最深積雪とは無関係であって、実は、雪予想したのはカマキリではないと結論せざるをえないのだ。その根拠を以下に述べる。ただし、Sさんに悪意はなく、カマキリが本当に雪予想できると信じて研究を続けられたようで、ウソを言っているわけではなく、ただ間違えたのだと思う。また、大雪に苦しむ豪雪地帯に住む人々の役に立ちたかったという動機もあったのだろう。

　Sさんが公表した論文、著書には、オオカマキリが産んだ実際の卵包の高さ、その高さを補正した理由、補正した後の卵包の高さを記し、学位論文には調査地ごとに緯度、経度、標高、調査卵包数、実際の卵包の高さ(高さ1)、積雪の重さでスギの枝が強く引き下げられた状態の高さ(高さ2)。さらに、吹き溜まり・樹高・斜面方位角・傾斜角度によって補正した高さ(高さ3)がきちんと書かれてある(後述の図Ⅳ-6参照)。しかし、論文の査読者、学位審査委員、メディア関係者も補正法に問題があることに気付かなかったのだ。カマキリを知り、雪を知り、スギを知り、統計学をも熟知し、加えて雪国に住む者でなければ、その間違いに気づきにくいだろう。

　「国境の長いトンネルを抜けると雪国であった」で有名な川端康成の小説「雪国」の舞台となった新潟県湯沢町や、冬は2階から出入りする構造の家屋があった六日町市、魚沼産特A米コシヒカリで有名な魚沼市などの豪雪地帯ではオオカマキリが高い位置に産卵し、雪の少ない新潟市などでは低い位置に産卵するという事実、もしくは同じ場所で雪の多い年には高い位置に産卵し、雪の少ない年には低い位置に産卵するという証拠、これらがあるなら、カマキリが雪予想したと言えるだろう。ところが、そのようなデータはどこにも示されていない。カマキリが雪予想できるとする根拠は、基準となるはずの卵包の実際の高さ(高さ1)では

なく、補正した高さ（高さ3）から各地の最深積雪を予想したものだった。

　私の理解では、「高さ3」は実際にはカマキリの卵包の高さとは無関係に、各地で予想される積雪深から逆算した値である。実際の卵包の位置が高くても低くても、豪雪地では実際よりも高くなるように、少雪地では低くなるように、つまり基準となる卵包の高さを、予想しようとする地域ごとに、補正の名のもとに意のままに変更していたのである。要するに、一見実際の卵包の高さに補正というフィルターをかけた値のように見える「高さ3」は、実は変幻自在の補正値そのものに過ぎず、カマキリの卵包の高さの延長上に存在する数値ではない。補正値の正体は単にそれぞれの地域で予想される最深雪積に過ぎないのであり、結果として予想した積雪深と実際の積雪深がほぼ一致することになったのは至極当然である。

　最大積雪深が異なる2か所を比べた時どちらが多く、どちらが少ないかは過去のデータから前もってわかる。積雪深を知りたい場所の緯度・経度・標高からも読み取ることができるだろう。5か所でも10か所でも気象庁、自治体または本人の観測データなどから積雪の多い順番を導き出すことは可能である。Sさんは27年間各地の最深積雪を公表してきた。前半はカマキリの卵包の高さを確かに調査したが、後半は卵包の高さを調査しないで、大地から樹木に伝わる振動を測定して各地の最深積雪を予想したと言う。調査しても卵包の高さのデータを使わないのだから調査する意味がなかったのだろう。

　結局、実際の卵包の高さに関わらず、新潟市の積雪は低く、長岡市では高く、湯沢町ではもっと高く予想すれば、統計学的には雪予想は当たったことになるのである。また、長岡市と言っても市の中心部では積雪が少なく、山沿いや山間部では積雪が多くなることは前もってわかる。Sさんの論文、著書は一貫して補正したカマキリの卵包の高さを基準にして、雪予想したことになっているのだ。補正の方法は巧みであり、実際

表Ⅳ-1　オオカマキリ卵包の高さ（新潟県）

調査地	調査年月日	調査卵包数	卵包の高さ±標準偏差
村上市	2009. 4. 9	9	81.1±32.9
新潟市	2007.12. 7	38	108.6±46.6
三条市	2013.11.27	57	91.1±40.2
湯沢町	2013.11.27	42	78.7±39.6

にカマキリがどこでどの高さに産卵するかを知らなければ、間違いに気づかないだろう。雪国には吹き溜まりや、吹きさらしの場所は確かにある。しかし、そのような場所はそう多くはないはずなのに、Sさんは調査した全ての場所で吹き溜まり、吹きさらしによる補正を行っている。さらに奇妙なのは、このような補正操作によって、前出の「高さ3」の値が豪雪地帯では「高さ1」を大きく超える場合があるという点である（後述の図Ⅳ-6参照）。いくら補正値で積雪の上に卵包が顔を出していようと、実測値がそれよりずっと低い以上、卵包が雪の中という事実は動かないというのにである。

　オオカマキリが生息している一枚の休耕田や、数百平方メートルの河川敷などの狭い場所の積雪深はそれぞれほぼ同じである。一方、カマキリが産卵する高さは、付着する植物の種類によって大きく異なる。つまり、狭い範囲の積雪深は同じなのにカマキリの卵の高さはまちまちである。私が実際に調査した新潟県の村上市、新潟市、三条市及び湯沢町でのオオカマキリ卵包の高さを示した（表Ⅳ-1）。平均の高さは村上市81.1cm、新潟市82.3cm、三条市91.1cm、湯沢町78.7cmであった。標準偏差が大きいので採集地による卵包の高さに有意差は認められない。最深積雪の平年値は湯沢町＞三条市＞村上市＞新潟市の順であるが、雪の少ない新潟市で低い位置に産み、積雪の多い湯沢町で高い所に産卵することはなく、カマキリの卵包の高さと積雪深とは無関係である。

図Ⅳ-1　スギの成木（上）と幼木（下）

図Ⅳ-2　スギに付着した卵包
（オオカマキリは豪雪地で 40cm 以下にも産卵する）

（2）雪予想説の検証

　カマキリの雪予想が間違いである第1の理由は、Sさんはオオカマキリが卵包を雪に埋もれない高さに産むという前提で研究を行ったことである。オオカマキリはスギの幼木に産卵するが、成木には産卵しない（図Ⅳ-1）。卵巣発育で腹部が肥大した♀が、枝打ちしたスギの成木には登らないからである。私が豪雪地帯で調査したスギの木に産んだ卵包111個のうち、高さ50cm 以下が 20.7 %、1 m 以下が 41.4％あった。豪雪地でも実際に低い位置に産卵している（図Ⅳ-2）。毎年50個前後のオオカマキリ卵包が見つかる自宅近くの調査地は、季節によって景観が変化した（図Ⅳ-3）。その場所に、融雪後に雪の下にあった卵包が顔をだした（図Ⅳ-4）。第Ⅲ章で述べた

図Ⅳ-3 オオカマキリの生息地の夏
（左上）、晩秋（右上）、冬（左下）
（弘前）

図Ⅳ-4 融雪地から顔を出すオオカマキリの卵包（矢印）

ようにオオカマキリの卵包の 3/4 は草本植物に産むのだから、積雪地域ではそれらの卵包は全て雪の下に埋もれてしまう。草は地上部が一年ごとに枯れ毎年更新される。木本植物に産んだ卵包も地上からの高さが積雪深より低いものは雪の中で越冬する。卵包の位置が高く雪の上にあると、豪雪地では鳥に食害されて越冬率が低下する。第Ⅲ章で述べたように、卵包が雪に埋もれても卵が死亡することはないのだ。また、オオカマキリの卵包の高さは、スギの樹高、セイタカアワダチソウの草丈、チマキザサの高さなどと正比例していたのであって、積雪深とは無関係であった。オオカマキリが雪に埋もれない高さに卵を産むことは確かにある。しかし、豪雪地では多くの卵包は雪の下や、雪の中で越冬しているのであって、雪に埋もれない高さに産卵するというのは間違いである。

　第 2 に S さんは、カマキリが卵包を積雪の高さに応じて産むのは、雪に埋もれるとふ化できなくなる（死亡する）と仮定したからであった。その仮定は、私の実験では間違いであることが示された。実際は、オオカマキリの卵包が冬の間雪に埋もれても、卵が死亡することがないことは、第Ⅲ章で述べた通りである。オオカマキリだけでなく、他種のカマキリの卵ばかりか、天敵のオナガアシブトコバチ、カマキリタマゴカツオブシムシも雪の中で長期間耐えることができるのだ。

　S さんの著書『カマキリは大雪を知っていた』（以下、同書と記載）の中に、事実に基づかない仮定による記述が随所に見られる。例えば「雪国のカマキリにとって一番大事なのは、卵のうが雪に埋もれてしまわないことです。これが決定的に重要です」（同書 55p）。また「カマキリの卵のうはウレタンのような発泡状をしており、一定の断熱効果や緩衝機能はもっています。しかし、気温によって膨張と収縮をくり返す深い雪の中で、長時間は耐えられません。雪は、表面はサラサラしていても、積もった下のほうは水分を含んで重く、比重は上部の二〜三倍にもなります。もし、中途半端の高さに産み付ければ、卵のうは重く沈む雪に引

きずられ、枝からも脱落してしまいます。そうなると卵は水に浸かったようになり、窒息状態になって、ふ化するのがきわめて難しくなってしまいます。だから、低い位置に産卵することはできません。といってあまり高いと、……雪はクリアできてもエサ不足の冬の鳥の餌になりかねません」（同書55〜56p）と記している。

　以上、著書中の文章をそのまま引用したが、卵包が雪に埋もれたらふ化できなくなるなら、埋もれない高さに産卵する以外に、冬を無事に乗り切る方法はないわけである。論理的にカマキリの雪予想は、つじつまが合っているのだ。ヒトが雪崩に遭って雪に埋もれると、30分ほどで心肺停止になり、また水におぼれたら数分で命が絶たれる。Ｓさんはカマキリの卵も、ヒトの場合と同様に雪に埋もれたり、雪解け水に遭うと窒息死すると考えてしまったのかもしれない。

　昆虫学の専門家なら、卵包が雪に埋もれたら卵は大丈夫なのか？それとも死亡するのか？について、何を置いても確かめるだろう。Ｓさんは研究の出発点で、確かめるべき実験をやらなかったために、事実とは異なった前提の上に仮説を構築し、正解にたどり着けるはずのない研究を40年余り続けてしまったようだ。Ｓさんが、雪に埋まると卵はふ化できなくなる（死亡する）と考えたことは、カマキリの卵包が雪に埋まったらどうなるかを、調べなかった証拠といえる。もし、実験で確かめていれば、卵包が雪に埋もれていてもふ化できなくなるとは仮定しなかったはずである（第Ⅲ章参照）。

　著書の最後に「カマキリ博士と研究をともにして」と題して、Ｓさんの研究を長岡高専在職中に指導された前橋工科大学教授の湯沢昭先生の寄稿がある。先生は「卵のうが雪に埋もれるとカマキリの卵はふ化できなくなる」ということが真実でなければ、「カマキリの雪予想」は成立しないことに気付いていた。Ｓさんがその検証をやっていないことを気にしていたようで、湯沢先生自身が「晩秋に卵のうを五〇個ほど集め、降

雪時に雪の中に一定期間（一日〜二週間ほど）放置し、春になってからの
ふ化状況を確認しました。結果は、放置期間が長くなるほどふ化率が減
少することが確認され、カマキリは雪に埋もれないために高い場所に産
卵するのだ、ということがきちんと説明できるようになりました（おかげ
でわが家の周辺はカマキリだらけになり、家族からは不評でしたが）。」（同
書165p）、と記されている。湯沢先生の記述は、一見するとカマキリの
雪予想を肯定するデータのように見える。しかし、家の周辺がカマキリ
だらけになったのだから、雪に埋めた卵は生きていたのだ。湯沢先生は
雪に埋めた日数と死亡率の関係を具体的には示していない。

　実際には、カマキリの卵包が雪に14日間埋もれて卵が死ぬことは、き
わめて考えにくい。最深積雪が1m以上になる雪国では、草本植物全部
と木本植物の1m以下の位置に産んだ卵包は全て雪の下になるので、卵
包全体の90％ほどが雪の中で越冬することになる。

　新潟県と青森県とでオオカマキリの耐雪性が違うのではないかと考え
る人もいるかもしれない。その点は、第Ⅲ章で述べたように、新潟市や
静岡県・宮崎県のカマキリも、青森県産と同様に長期間、雪の下でも問
題なく生存できることから、地域間の差は考えにくい。さらに、新潟県
の雪は水分を多く含みベタベタで、青森県の雪はサラサラだから、両地
でカマキリ卵の雪に対する耐性が異なるのではないかと考える人もいる
だろう。しかし、冬に卵包を長期間氷のはった水に浸漬しても、卵が死
亡することはないのだから（第Ⅲ章参照）、両県の雪質の差によって生死
が異なる可能性もないと思われる。

　湯沢先生にとっては、Ｓさんの間違いを指摘できる機会だったのに、
逆にＳさんの仮説を肯定する結論に到達してしまったのは残念である。
ただし、Ｓさんの研究を直接指導された湯沢先生が、卵包が雪に埋もれ
たらどうなるかの実験を自ら行ったことが、Ｓさんがその実験をしなかっ
た理由だったのかもしれない。

第3の問題は、オオカマキリが最深積雪の違いに応じて産卵の高さを変えるかどうかである。多雪地帯の日本海側と、ほぼ同じ緯度の無雪か少雪地帯の太平洋側とで、卵包の高さは太平洋側の方がむしろ高い。つまり多雪地帯だからといって高い位置には産卵していないのである。卵包の高さに統計学的有意差はなく、いずれの地でもススキ、ヨモギ、セイタカアワダチソウ等の茎に産卵している場合が多い。産卵の高さが異なるのは、付着植物の草丈や樹高

図Ⅳ-5　融雪後のヨモギ（上）とそれについた
　　　オオカマキリの卵包（下）

の違いによるものである。セイタカアワダチソウ、チマキザサ、スギなどに産んでいる卵包の高さは、草丈や樹高に比例していた（第Ⅲ章）。積雪深と草丈や樹高は無関係である。したがって、卵包の高さと積雪深とは無関係ということは明白である。ヨモギは霜や雪にあうと葉が茎に付いたまま枯れるので、30cm 程度の雪で倒れる（図Ⅳ-5）。その他の草も50cm ほどの積雪で倒れるので、冬の間オオカマキリの卵包は雪の中や、雪の下の地表面で越冬するものが新潟県のような豪雪地では圧倒的に多い。実際、第Ⅲ章で述べたように、植物に産んだ 8,833 個のオオカマキ

リ卵包のうち草本植物に 74.9％、産卵の高さを調べた 2,250 個の卵包の
うち、72.4％が 1 m 以下に産卵していたのだから、豪雪地の卵包の多く
は雪に埋もれて越冬すると結論されるであろう。

　第 4 の問題は、S さんはスギに付いている卵包だけを、調査対象にし
た点である。スギの大部分は人工林である。S さんの著書に「調査対象
のスギは、その地域の最深積雪（平年値）の二〜三倍程度の高さの木を探
します。これくらいの木にカマキリはよく産卵します。最深積雪が五〇
センチなら一〜一・五メートルぐらいの木だし、一メートルなら二〜三
メートルの、二メートルなら四〜六メートルぐらいを目安に調査樹を選
んでいきます」（同書 58〜59p）。また、樹高が 1 m 高くなるごとに実際
の卵包の高さに 10％ずつ加算すると言うのである。例えば、樹高 1 m 未
満のスギと比べ、樹高 5 m のスギの場合、カマキリの卵包が付着した実
際の高さが同じでも、後者では 1.5 倍に補正したという（同書 80p）。

　この記述を見る限り、卵包が産み付けられた高さから雪予想したので
はなく、S さんの選んだ樹木の樹高次第で変わる補正によって導き出さ
れた予想だったことが読み取れる。A 地点と B 地点で卵包の高さを比べ
るのに、条件をほぼ同じにしなければ比較にならない。樹高の低いスギ
には当然低い位置にしか産卵できず、高いスギは低い所にも高い所とこ
ろにも産卵する（本書 123 ページ図Ⅲ-17 参照）。だから、樹高の高いス
ギを調査樹とした時ほど卵包の位置は高くなる。結果として、S さんが
どの高さのスギを調査樹として選ぶかによって、卵包の高さは、すでに
ほぼ決まっていたことになる。

　最後に、オオカマキリが雪予想するとの結論に至ったデータの扱いに
も問題が見受けられる。S さんは同じ場所で 18 年間、カマキリの卵包の
高さを調査して、各年度の最深積雪との相関を求めてグラフ化した（同書
87p）。このグラフを統計学のルールに従って正しく読み解くと、「高さ 1」
と「高さ 2」では危険率が 5％となり、卵包の高さと最深積雪の間に有意

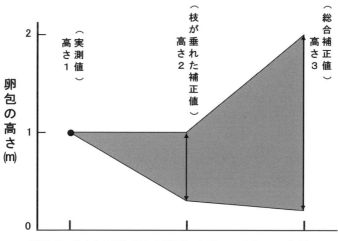

図Ⅳ-6　Sさんの卵包高さの補正法（酒井 2003 を参照して作成）

な相関はない。実際の卵包の高さ（高さ 1）と最深積雪に関係がないこと
が明らかになったこの時点で、カマキリは雪予想しないと結論できたは
ずなのである。

　ところが、補正した「高さ 3」のグラフ（同書 87p）では、逆に卵包の高
さと最深積雪との間には、危険率 0.1％で極めて高い相関があると読み取
れる。実は、この結果は「高さ 3」が「高さ 1」や「高さ 2」とは無関係
な数値であることを意味している。「高さ 3」では、平坦地を基準として、
相対的に積雪深が深くなる場合は、1.0 未満の係数をかけ、逆に浅くなる
場合は 1.0 以上の係数をかけるため、カマキリが実際に産卵した高さで
はなく、補正による効果の方がはるかに大きな重みをもつことになって
しまったのだ（図Ⅳ-6）。Sさんは、5 項目以上で補正し、全ての観測地
において、実際の卵包の高さ（高さ 1）を変更して、「高さ 3」を算出して
積雪深を予測している。

　Sさんの補正項目のうち樹高、斜面方位角、傾斜角度は測定できるし、
誰が測定してもほぼ同じ結果になる。しかし、スギの枝に積もった雪で

図Ⅳ-7　スギと雪
（左：幼木の状態／右：その枝の状態）

　どれだけ下に曲がるかや、吹き溜まり、吹きさらしの場所を雪を降る前に算定するのは不可能である。しかし、吹き溜まりや吹きさらしの程度を 10 段階以上にランク分けして、補正していた。カマキリがスギの枝に産卵する秋に、その場所が冬になったらどれだけの積雪になるのか、枝がどれだけ曲がるのか、全てをカマキリは予想できたと仮定していたようにもみえるが、それはあまり科学的とは言えない。

　スギの幼木は幹から 45 度前後の角度で枝が伸びているが、幹に近い枝の部位に産卵すると積雪でそれほど下に曲がらないが、枝が幹から離れるにつれて積雪で下に大きく曲がると考えているようだ。このやり方は単にスギの枝に雪が積もった状態ではなく、枝が雪に埋まって曲がり、枝の周りの雪が消えるまで元に戻らない状態である。これは、Ｓさんの主張である雪に埋もれない高さに産卵することと矛盾する。2017 年 2 月2 日、弘前市で大雪の降りしきる日に、スギの枝の高さが雪でどう変化するかを克明に観察した結果、雪の重みで下に垂れている枝の雪を落とせば元の高さに戻ることがわかった（図Ⅳ-7）。晴れの日には枝の雪は溶けたり落下して、元の高さに戻る。

(3) なぜ雪予想が支持され続けたのか

　Ｓさんたちは新潟県で豪雪地から少雪地へ、逆に少雪地から豪雪地へ卵包を移動させる実験を行った。移動によって産卵する高さが、変わるか否かを知る目的の実験で、雪予想の真偽を検証する最良の方法であるように思われた。

　まず、オオカマキリが自然状態では生息せず、農薬などを散布していない場所を選び、土地の管理者の許可を得て、その場所に高さ2～3ｍのスギを1か所に10本ずつ、全部で20か所、計200本を植林した。スギが根づくのを待って翌年4月に卵包を豪雪地から少雪地へ、逆に少雪地から豪雪地へそれぞれ移動した。1か所に5～10個の卵包を採集地の元の高さを無視して、移動先の最深積雪の高さに取り付けた。そして、それらの卵包からふ化した幼虫が成虫になり、産卵した高さを測定している。

　その実験は莫大な労力と費用を要し、地域住民の多くの方々がＳさんに協力した。結果は、「みごと！ 移動先の積雪深を予測」と記している（同書99p）。しかし実際には、上述の場合と同様、移動先の最深積雪と関係なくカマキリは産卵したにもかかわらず、補正によってつじつまを合わせただけだった。長岡市内では実際の卵包の高さの1/2以下に、妙高高原のような豪雪地域では実際の高さの2倍以上補正して「高さ3」を算出したのである。長岡市内よりは妙高高原の積雪が多いことは、初めから「自明の理」なのである。

　1997年10月に発表した最深積雪予測が、新潟県の地図上に記されている（同書94～95p）。その中で平年値と予測値がともに書いてある箇所が38か所あり、平年値と予測値が同じところが2か所、平年値より予測値が多い所が18か所、逆に平年値よりも予測値が少ない所が同じく18か所ある。これの何が問題なのか、と読者は思われるかもしれない。実

は、雪国では雪の多い年にはどの地域でも全般的に雪は多く、雪の少ない年はどこでも少ない。同じ年に県内で平年値よりも多い所と少ない所が、ほぼ半々になることは現実には起こりえない。Ｓさんが行ったように、積雪深を予想よりも多い所と少ない所をほぼ同じ数にしておけば、大当たりはしないが、大外れもしない最深積雪予想になる。結果として全体的に妥当な予想値が得られ、雪予想は統計学的に信憑性がでてくることになるのだ。

　私は2006年9月16日に鹿児島大学で開催された日本昆虫学会で「『オオカマキリが高い所に産卵すると大雪』は本当か？」と題する発表を行い、カマキリの雪予想は間違いだと報告した。その発表の後に、Ｓさんの学位論文授与に深く関わられ、京都大学理学部長を歴任された後、滋賀県立大学学長もされた日高敏隆先生が私の所に来られて、直接お話した。先生はカマキリの雪予想が間違いだったことを即座に認められた。また、学位授与後に間違いであったことが判明することがまま起こること、カマキリの雪予想は統計学的に疑う余地がないと言われて信用してしまったこと。初め学位論文の原稿中にあったカマキリが地面からの振動を感知して産卵する高さを決めているとする仮説に対して、「そんなバカな話はない」と述べて、その部分を学位論文原稿から全面的に削除させたことを私に話された。一方、学会で必ず開催される懇親会の折に、私の発表に対して、激しく攻撃する研究者もいた。すでに定説になっているカマキリの雪予想に対して、短期間で得たわずかなデータで統計処理もきちんとやらずに反論するのは何事かというお叱りであった。また、ネット上にも、科学者とは到底信じがたい悪意に満ちた誹謗中傷の書き込みがあった。

　Ｓさんは、2000年以後の『冬を占う』では、最深積雪予測には「予想値は樹木の共振現象を解析。カマキリの卵嚢によるものではありません」と書いている。カマキリが産卵する実際の高さを測定するのは、大変な

労力がかかる。測定しても実際は各地の最深積雪の平年値に合うように大幅に補正と称して改変するのだから、卵包の高さを調べる意味はないはずで、中止するのは当然だったかもしれない。また、2000年以降はスギを植林する人がほとんどいなくなったので、カマキリが産卵できるスギの幼木は得られなくなったのも、もう一つの理由と思われる。

　Sさんは、私たちの脳波も測定できる樹木音測定機器(地獄耳)を開発している。地震計のようなものだ。大地から発せられる微弱振動が樹木に伝わり、振動最大点に一番近い枝にカマキリが産卵すると考えているようだ。「積雪量予測装置および方法」として日本とアメリカで代理人を通して特許申請をされた。日本での出願日は2001年4月27日、公開日2002年11月15日、申請は却下され、不服申し立てをしたが、2004年審査終結となった。特許庁が却下した理由として「本願発明の構成と効果との相互関係は、特に樹木に伝わるという音の存在や音のピークの存在、その音のピークと積雪量との関係が不明であるとともに、原理的に不明であり、またこの発明によって良好な結果が得られたというデータ等も明細書等に開示されていないから、当事者が容易に実施することができる程度に説明されているとは認められず、本件出願は、明細書及び図面の記載が特許法第36条第4項に規定する要件を満足していない。よって結論のとおり審決する」と判定された。なお、米国では同じ内容なのに特許取得(2002)ができた。同じ特許申請で日本では認められず、アメリカでは認められた点で微妙だが、申請書に不備がなく、同じ内容の特許を先に申請した人がいなければ特許取得はそう難しい話ではない。それにしても、特許審査官は、雪予想の真偽まで判定しなければならんとは、大変な仕事だとつくづく思う。

　大地から発せられる微弱振動にオオカマキリが反応して、その最大振動点に産卵するとする仮説は、日高敏隆先生がそんな「バカな話」はないとして、学位論文から削除させた項目である。また、最大振動点、最

大積雪、カマキリの産卵する高さの３点が一致するなら、最大積雪がほ
ぼ同じ場所では、カマキリは同じ高さに産卵するはずである。実際には、
カマキリが産卵する高さは同じ場所でもまちまちなので、最大振動点に
産卵するとする説は成り立たない。

　積雪深は積雪量から融雪量を引き、新雪がどれくらいしまって固くな
るかによって決まる。気温が低く連続した降雪があれば積雪は多くなり、
１月末～２月上旬に最深積雪になる場合が一般的である。近い場所でも日
向で少なく日陰で多く、傾斜地では南西側は少なく、北東側は多くなる。
平野部よりも山沿いで積雪は多くなる。融雪期に何処でどれだけ残雪が
あるかを調査するだけでも、どの場所でどれだけの積雪があったかを推
定することができる。Ｓさんは40年以上も新潟県を始め、近隣県を含め
て、どこでどれだけの積雪があるかを調査してきたのだから、一般の人
よりはるかに的確に雪予想できた可能性がある。1987年～2013年まで
27年間発行された『冬を占う』に記された新潟県とその近隣県に及ぶ多
くの地域の最大積雪深についての雪予想は、全体的に見れば当たってい
ることは確かである。だから、雪予想は正しいと言える。ただし、それ
がカマキリによる予想ではなかったことは、上述したとおりである。

　気象庁の気象観測所だけで全国に926か所ある。観測所があっても積
雪深は測定対象になっていない所もある。毎年最深積雪が特に多いのは
青森県の八甲田山の大岳(1585m)の麓にある酸ヶ湯温泉(890m)である。
気象庁のほかに自治体や学校などで気象観測をしているところがたくさ
んある。新潟県には気象庁と自治体などで観測している所を合わせると
126か所あるそうだ。従って、どこでどれだけの積雪深になるかはおお
よそ見当が付く。例えば、誰でも知っているように日本海側は積雪が多
く、太平洋側は少ない。最深積雪は東京都心よりも栃木県の日光東照宮
付近は多く、青森県なら青森市、弘前市、八戸市を比較すると、多い方
から青森、弘前、八戸の順になる。10年に１回くらい青森よりも弘前の

積雪が多いことがあるが、八戸は太平洋側なので雪はほとんど積もらない。弘前市の岩木山の麓にある百沢スキー場の照明が夜になるとわが家から見えるが、弘前の市街地よりも百沢の積雪は毎年例外なく多くなる。JR奥羽本線の弘前〜青森間で一番積雪が多い駅は「鶴ヶ坂」である。山間にある駅で例年4月中旬まで雪が残る。山形県では山形市より米沢市の積雪が毎年多く、新潟県に近い小国町はさらに多い。山形県の気象観測所の中で、積雪深が一番多いのは大蔵村の肘折温泉である。新潟県では日本海に近い所は積雪が少なく、東にむかって県境の越後山脈や三国山脈が近くなるほど積雪が多くなる。また、新潟市（平年値39cm）より、長岡市（103cm）が多く、湯沢町（210cm）ではさらに多く、新潟市＜長岡市＜湯沢町の順位は観測史上入れかわったことはない。このように、2か所の積雪を比較した時、どちらの積雪が多いか？について10か所の積雪深でも多い順に並べることはそれほど難しくはない。

　ただし、同一場所で年度ごとの最深積雪の多少は予知することはできない。それでも、積雪の多い所は多く、中ぐらいのところは中ぐらいに、少ない所は少なく予想すれば、予想した積雪深と実測値に正の相関関係が得られ、統計学的には雪予想は正解になる。1963年（昭和38年）の３８豪雪か、2020年の冬のようにほとんど平地には雪の積もらない例外的な年には「雪予想」は外れるだろう。そのように積雪が極端に多いか、極端に少ない年には雪予想は外れるが、そのような年は50年に1回程度しかないだろう。

　相関関係は2つの事象に、どれだけの相互関係があるかを判定する統計学の一手法である。例えば、父親と息子の身長に相互に関係があるか？気温とビールの売れ行きは関係があるか？ 横軸（X軸）に基準となる独立変数を、縦軸（Y軸）に従属変数をとる。相関関係（r）は値の絶対値が1に近いほど相関は高いとされるが、rは自由度（調査数−2）によって異なる。rが正の場合は正の相関があり、負の場合は負の相関がある。自由

度は調査数から1を引くのが一般的だが、相関関係では調査数から2を
引く。サンプルがAとBの2つでは相関は出せないし、2点を結べば必
ず直線になるから2点の比較ではダメである。相関係数を算出するには
最低でも5点は必要だ。両者に相関ありと判定して間違う危険率が5%、
1%、0.1%の3段階で判定する。危険率が5%を超えたら相関なしとなる。
独立変数と従属変数とは逆にしてはならず、父の身長がX軸、息子の身
長がY軸になる。ただし、統計学上は、X軸とY軸とを入れ替えても相
関係数と有意差は同じ結果になる。

　Sさんによる「カマキリの雪予想」で横軸（X軸）に独立変数であるカ
マキリの卵包の高さを、縦軸（Y軸）従属変数である最深積雪をとってい
るのは正しい方法である。相関関係式Y＝aX＋bにおいて、X軸とY
軸のスケールが同じであれば、最深積雪が予想値よりも多かったら、X
の係数aは1より大きくなり、逆に予想より最深積雪が少なかったら、a
の値は1より小さくなる。しかし、過去のデータから積雪の少ない所は
少なく、多い場所では多く予想しておけば、実際の最深積雪から大きく
離れることがないのが統計学の問題点なのである。統計学は万能ではな
いのだ。

　年によって産卵の高さを変えるような生物は知られていない。オオカ
マキリの産卵の高さは、どんな植物に産むかによってほぼ決まる。多数
の卵包の高さを調査すれば、平均は毎年ほぼ同じ高さになる。「広辞苑」
によると、補正とは「実測において外部的な原因による誤差を除き、真
に近い値を求めること」、改ざんは「多く不当に改める場合に用いられる」
と記される。ところが、カマキリの雪予想では、実際の卵包の高さがど
うであっても、最深積雪の多い湯沢町、十日町市、妙高市、魚沼市などは
実際の卵包の高さを2倍以上になるように補正している。一方、積雪の
少ない所では低くなるように補正している。最深積雪の平年値から来た
るべき冬の最深積雪を予想したら、統計学的に間違うことはほとんどな

いだろう。３８豪雪（1963年）では長岡市318cm、富山市186cm、金沢市181cmの最深積雪を記録した。それから2020年まで50年余り３８豪雪に匹敵する大豪雪は一度もない。Ｓさんの雪予想は平年値に近い積雪の年ならほぼ的中するが、極端な多雪や少雪の年には予想が外れるだろう。2006年はかなりの大雪だったので、その最深積雪を予想した2005年10月の予想値は、あまり当たらなかったようだ。もし、2020年の積雪を予想していたらとんでもない間違いになっていた。新潟県ですらどこでもほとんど積雪がなかったのだから・・・。

　カマキリが来たるべき冬の最深積雪を予知するとする研究は、Ｓさん以外に世界中どこにもない。そして雪予想の答えは正解に近いのだ。答えがあっているのだから、それに至る計算経過も正しいはずと誰でも考える。したがって、カマキリの雪予想は統計学的に疑う余地がない真実とされたのである。もし、Ｓさんが各地の最深積雪の平年値や観測地のデータから、来たるべき冬の積雪深を予想したと言ったら、「ああ！そうか」という程度で誰も興味を示さなかっただろう。カマキリが卵を産む高さから雪予想できると言うので、自然の神秘に驚き感心して信用したに違いない。気象庁が総力を挙げても来たるべき冬の積雪深を予知することはできないのに、カマキリはいとも簡単に超能力を発揮し雪予想できるというから多くの人が驚きをもって受け入れたのだろう。

　中国の故事に、楚の国に矛と盾とを売る商人がいて、矛を売る時は「この矛はどんな堅い盾でも突き通す」と言い、盾を売る時は「この盾はどんな矛でも通さない」と言った。その説明を聞いた客に「その矛でその盾を突いたらどうなるのか？」と聞かれて返答できなかった話から矛盾と言う言葉が生まれたそうだ。前述したように、Ｓさんが自ら卵包の高さと、最深積雪との間に有意な相関がないというデータを示しながら（同書87p）、他方でカマキリの卵を産む高さと、最深積雪は一致すると述べている（同書115p）のは、まさに矛盾している。

　その前に、カマキリの雪予想の前提になっている雪に埋もれない高さに産卵するという主張も、自ら得たデータと矛盾している。最初に発表した土木学会誌の論文でも、カマキリの卵包の高さより、最深積雪がはるかに深いのだから雪に埋もれないはずはない。長岡市周辺での３年に渡る調査で、卵包の高さの実測値で 50cm 以下が多数あるのに（同書92p）、なぜカマキリが雪に埋もれない高さに産卵すると結論できるのか、私には理解できない。

　それにしても、真実とかけ離れたカマキリの雪予想が間違いであることになぜ誰も気づかなかったのか？　カマキリの雪予想の研究論文や著書を見ると、本人もカマキリが雪予想できると信じていたように思える。学会誌に論文を発表し、プロの研究者まで本当だと思い、数々の賞を受け、メディアが追従して長年にわたり喧伝し続けた例が他にあっただろうか？　Ｓさんは、カマキリは予言者だからスギの枝が積雪でどの程度曲がるか？、あるいは吹き溜り、吹きさらしの場所も知っていると解釈しているようで悪意は少しもないのだろう。間違いは一個人だけによって起こるものではない。周囲の研究者、メディア関係者がこぞって「カマキリの雪予想」は本当だと心から思って、Ｓさんからの情報を信じたようだ。責められるべき関係者は誰もいないのかもしれない。

　オオカマキリがどこで、どの高さで産卵するかを調べたら、誰が調査しても卵包の高さと積雪深とは無関係なのだから、カマキリの雪予想は間違いだと気付くはずである。ただし、Ｓさんの他にオオカマキリの卵包がどこで、どの高さに産卵されているかを調べた研究者は長い間一人もいなかった。卵包は偶然見つかることがある。だが、いざ本格的に卵包を探そうとしても見つけるのは容易でない。自然界で効率的に卵包を発見できるようになるには、オオカマキリが産卵場所として選ぶ環境条件は何かを採集体験を通して体得する必要がある。豪雪地ではほとんどの卵が雪に埋もれて越冬する。雪に埋もれても死亡することはないのだ

から、カマキリは初めから雪予想する必要はないのである。雪予想の情報は除雪業者にとっても、除雪計画の作成や、除雪機を購入するか否かの判断に使われたと聞く。雪が多いか少ないかの情報に一喜一憂しながら、Ｓさんが発行する積雪情報を毎年心待ちにされていた雪国に住む人々が多数いたようだ。雪予想の情報を期待されているので、Ｓさんは雪国の住民の要望にこたえ続けたのだろう。

（4）間違いを指摘する意義

　カマキリの雪予想が間違いだからと言っても、誰一人経済的損失を被った人はいない。みんな楽しい夢を見ていただけであろう。また、カマキリが雪予想してもしなくてもたいした問題でもない。どちらかと言えばカマキリに雪予想してほしいのかもしれない。なぜなら、その方が楽しいから・・・。27 年間発行され続けた積雪予報情報『冬を占う』は非売品であり、関係機関、関係者に善意で配布されたものである。そして一番恩恵を受けたのが、私だと思う。カマキリの研究を始めてすぐに間違いに気づいた。Ｓさんの論文や著書を読み、なんでこれが世に出たのだろうと疑問に思った。長年昆虫の研究に従事してきた者の責任として、間違いに気づいたなら訂正しなければならんとの矜持があった。科学は面白ければ良いだけでなく、何よりも真実でなければならない。マスメディアによって日本の津々浦々まで知れ渡ったカマキリの雪予想が間違いであることを、どうやって人々に伝えるかが大問題であった。

　弘前大学在職中に、地元の新聞社に寄せられる昆虫に関する多くの情報を、新聞に掲載する価値があるか否かを判定してほしいと何度か記者に頼まれた。その経験から新聞ならばこのような昆虫に関する真実を受け入れ、広めてくれるのではないかと考えた。まず、私は朝日新聞の「声」にカマキリの雪予想は間違いである旨の投稿をしたが、あっさりボツにされた。いくつかの新聞社に研究論文の別刷りを添えて、カマキリの雪

予想は間違いと報道してほしいと依頼した。しかし、どの新聞社もなしのつぶてであった。

　日本中にカマキリの雪予想が本当であるとする情報がすっかり定着してしまったので、それを覆すのは容易でないことを、身をもって感じた。一旦正しいとインプットされたものを、それが間違いであると訂正するのは誰にとっても容易なことではないようだ。ちまたの人に、「カマキリの雪予想」は間違いだと、私が伝えてもその人がNHKのテレビや新聞でカマキリの雪予想の話を見聞きしていれば、私の言うことよりもメディアを信ずる。それが現実である。メディアの影響力は甚大である。

　神の存在を信じている人に、神はいないと伝えても容易には受け入れられない。逆に神はいないと考えている人に、神はいると信じさせるのは至難の業である。それでも、科学者は真実を世に伝える責務を負っている。研究成果が正しければ、他の研究者が同じ方法で実験すればほぼ同じ結果が得られる。科学における真実は必ず再現性があるのだ。

　幸いにして、現在はインターネットがあり、それを通して情報が世に出るようになった。初めカマキリの雪予想を信じていた人も、それが誤りであることに気付き始め、昆虫学の研究者間ではほぼ全員が、私の説、つまりカマキリの雪予想は誤りであったことについて賛同して頂いている。退職して自由の身になった私には、研究の目的ができた。本書の出版も間違いであったカマキリの雪予想を、なんとしてでも、国民に伝える義務があると考えて原稿を書いている。結論としてカマキリは「雪に埋もれない高さに産卵する」「卵包が雪に埋もれるとふ化が難しくなる」「大地から植物に伝わる振動最大点に産卵する」のいずれも単なる推測であって、実際には間違いである。カマキリは雪予想できないし、しないし、する必要がないのだ。私の研究は当たりまえすぎて何の面白味もない。ところが数十年にわたり、カマキリは雪予想するという日本全国に知れ渡った研究があって初めて雪予想しないという私の研究の意味が生まれ

たのだ。だから、Sさんは私の恩人である。人様の研究に対して、これが間違い、あれが間違いと指摘するのは「ケチをつける」ようなもので気が進まないし、できればやりたくない。

　コペルニクスやガリレオは、宇宙の中心は地球とする天動説に代わる地動説を主張して、真実を述べているのに命の危険にさらされたらしい。ガリレオは天動説を唱えるローマ教会に裁判にかけられ、地動説を翻したが、「それでも地球は回る」とつぶやいたと伝えられている。天動説か地動説かの論争に比べたら、カマキリが雪予想するのか、しないのかは些細な問題である。しかし、研究者にとっては真実か？間違いか？の放っておけない深刻な問題である。

(5) 安藤説の周知に向けて

　私は2006年に鹿児島大学で開催された日本昆虫学会で、カマキリの雪予想は間違いであるとする発表を行って以来、多くの場で自分の研究結果を披露してきた。2008年に東海大学出版会から出版された『耐性の昆虫学』の中で「オオカマキリの耐雪性」を記し、2010年には全国農村教育協会から出版された『地球温暖化と昆虫』に「ありえない話『カマキリの雪予想』」を、さらに、2011年に『昆虫と自然』(ニューサイエンス社)に「カマキリの生態」と「カマキリの雪予想は本当か？」と題する論文を発表した。

　その甲斐あってか、カマキリの雪予想はインターネット上ではようやく否定されつつある。たとえばウィキペディア(Wikipedia)の「カマキリ」の項目では「昆虫学研究者の安藤喜一は、カマキリの卵鞘は野外では大半が雪に埋もれているが生存可能であり、酒井の研究は「補正と称して実際のカマキリの卵の高さを積雪深に合うように調整している」ものであり、積雪量予測は誤りであるとしている」と安藤説について明確に記されている。

　以下にカマキリの雪予想を否定する安藤説の同調者、またその周知に

協力して下さった主な方々を紹介する。これらの方々の意見発信やさまざまな協力が援護射撃となって、現在、私の研究成果「カマキリの雪予想は間違いである」は浸透しつつある。

① 海野和男さん：日本の誇る第一線の昆虫写真家で、昆虫の行動や生態に造詣が深い。長野県小諸市を起点に活動されている。東京農工大学で昆虫行動学を専攻し、チョウ類を始め全ての昆虫に関して国内外で、写真を通して昆虫の面白さを伝え多数の写真集を出版した。私がカマキリの雪予想は誤りではないかと指摘する前の2002年12月に、現実に低い位置に産卵し、雪に埋もれる卵包があることをインターネット上に記し、雪予想説に最初に疑問を呈された。

② 矢島稔さん：NHKのラジオの夏休み子供科学電話相談で、番組開始当時から2016年まで、昆虫に関する解説者を務め、博学で子供たちに対する説明の巧みさは群を抜いており、子供たちだけでなく大人にも熱烈なファンが多い。昭和天皇の依頼を受け、皇居にゲンジボタルとヘイケボタルを定着させたことでも有名である。昆虫学の普及活動に大きな貢献をされ多摩動物公園、ぐんま昆虫の森園長、同名誉園長でもある。カマキリの雪予想が何回もメディアで報道されて、昆虫の専門家として信じがたかったそうで、矢島・宮沢の著書（2005）の中に「カマキリが高い位置に卵を産んだ年は積雪量が多いというのは本当ですか」の問いに対して「いろいろな調査や研究も試みられており、事実と考える人やそうでないという人もあります。測定の方法やサンプルの確保など難しい面もあり、科学的な結論は出ていないというのが現状でしょう」と答えられている。私が書いた『昆虫と自然』誌の「カマキリの雪予想は本当か？」で、雪予想は間違いであるとする説に諸手を挙げて賛同して頂いた。

③ 田口瑞穂さん：秋田県仙北市の小学校教諭（現秋田大学教育学部）は理科教育を専門とし、オオカマキリの卵包について、後に雪から掘り出すと卵包からうじゃうじゃと幼虫がふ化することを確かめられている。2009 年 7 月 23 日に私の自宅まで来られ、カマキリ談義を行った。また、2011 年 11 月 5 日に弘前大学で開催された日本理科教育学会で、カマキリの雪予想は間違いとする研究発表をされた（田口, 2011）。

④ 河野勝行さん：農林水産省の試験場で昆虫の生活史研究を専門とし、自然への深い認識を持つ。カマキリの雪予想は間違いだとする私の学会発表に対し、インターネット上でいち早く私の説に賛同して頂いた。カマキリの雪予想はどこに問題があるのか。また、間違った情報を発するに至った経緯についても発信して頂いている。また、カマキリの雪予想の何がどう問題なのかについて、私に一般向けの啓蒙書を書いてほしいと発言されていた。

⑤ 藤崎憲治さん：京都大学名誉教授（昆虫生態学）。2010 年 3 月に読売新聞社が「『高い所に卵産むと大雪』カマキリ予報的中」の見出しの記事を掲載した。その記事に対し藤崎先生は「言い伝えは偶然に過ぎなく、卵は雪に埋もれても死滅することはなく、むしろふ化率は増す」とコメントされた。先生は私の学会発表を聞かれていたので適切なコメントをされた。その際、読売新聞社に私の電話番号を教えて連絡を取るように伝えたそうだが、新聞社からは何の連絡もなかった。ところが、データを示さずにカマキリの雪予想を否定するとは何事かと、ネット上で藤崎先生を激しく攻撃する人が現れた。それを契機に、カマキリの雪予想を支持する側と、それを間違いとする側で論争が展開された。Ｓさんの説を支持する人は、みんなそう言っているからと感情論であり、安藤説賛同者は科学的証拠を根拠に理論理的に説明している。

　このネット上の論争は、カマキリが雪予想するか否かを判断する有力な契機となった。また、藤崎先生から私にメールがあり、NHKのEテレの「視点・論点」で発言するように推薦しておいたので、近日中にNHKから連絡がいくと思うので、受けてほしいとの連絡を受けた。しかし、準備万端で待っていたがNHKからは何の連絡もなかった。総合テレビで一度報道したNHKとしては、カマキリの雪予想は間違いであるとの認識には至ってないか、間違いを認める報道にゴーサインが出なかったのかもしれない。藤崎先生の著書『絵でわかる昆虫の世界』(2015)では、「振動情報といえば、『カマキリの雪予想』に触れないわけにはいきません。雪国地方で『カマキリが高い所に卵を産むと大雪になる』という民間伝説を実証しようとした研究があり、そのことは統計的に正しく、かつ木を通して地球の微弱な振動を感じ取ることで、気象を予測しているというのです。もしそうであれば、昆虫の"超能力"に感銘することになりますが、そのご、この研究の大前提になっている、カマキリの卵は雪に埋まると死亡するとか、積雪が予想される高さより上の所に産卵するということ自体が間違いであることが昆虫学者により証明されました」と記されている。

⑥　米山正寛さん：朝日新聞の科学部記者で、2008年3月の応用動物昆虫学会の宇都宮大学の大会に、きちんと大会費を払って出席され、私の発表を聞いて下さった。後に朝日新聞の「探求人」の欄(2008年5月26日)に、私の写真を載せ、カマキリの卵には十分な耐雪性があり、雪で死亡することはないという私の研究成果を記事にしてくれた。また、私の研究データに基づき「グリーン・パワー」という雑誌(2010年2月号)に、カマキリの雪予想は間違いとする論文を執筆された。

⑦　浅川浩さん：「信濃毎日新聞」の記者でSさんに数回取材され、自社

の新聞に４回ほどカマキリの雪予想の記事を本当だと思って書いてきたそうだ。カマキリの積雪深予知能力について、まさか間違いとまでは思わなかったが、Ｓさんとの初対面のとき、Ｓさんが「私はカラスと話ができる」と言っていたことが、ズーット気になっていたそうである。カマキリの雪予想は間違いであるという私が発した情報を知って、2008年５月15日に長野→東京→弘前とバスを乗り継いで、私の自宅までわざわざ来られた。記者として現役を退いておられたが、キチンとカマキリの雪予想が間違いであったことを信濃毎日新聞に記載した。記者として過去の間違いに気付いたら、訂正記事を自分で書くのは記者魂そのものだと思う。それはなかなか勇気のいることだと思う。

⑧ 行方知代さん：青森県最大の地方新聞、「東奥日報」の記者で、2007年12月９日カマキリの雪予想は間違いとする記事を書いてくれた（図Ⅳ-8）。行方記者がカマキリの話題を書くきっかけとなったのは、帯広畜産大学教授の岩佐光啓さんが、私の学会発表の内容を「北海道新聞」のコラムに書いてくれたことだ。その記事を東奥日報社が知り、行方記者が私に取材に来られた。ところが、東奥日報社の記事が出たちょうど１週間後の12月16日に、朝日新聞が「積雪量カマキリがズバリ」の記事を出した。朝日新聞を見た複数の弘前大学の卒業生から安藤先生大丈夫ですか？と連絡を受けた。退職して頭が変になったと思われたようだ。一地方紙の記事と、ＮＨＫや中央の大新聞が180度違う内容の報道をしたとき、人々の反応はＮＨＫや朝日新聞の報道は正しく、地方紙の記事内容は間違いとみるのが一般的であることをつくづく感じさせられた。

　だが、カマキリの雪予想は間違いであるとする私の主張は、実験的証拠に基づくものであり、確固たる自信は微動だにしなかった。いつか必ず人々に信じて頂ける日が来るとの自信があった。科学上の真偽は、多数決で決めることではない。幸いにも、東奥日報の記事がネット上で話

図Ⅳ-8　東奥日報（2007年12月9日）
（カマキリが雪予想していないことを伝えた最初の記事）

題になり、カマキリの雪予想は間違いとする考えに賛同してくださる方
が、その後確実に増加した。2007 年に掲載された行方記者の記事は、メ
ディアとしてカマキリが雪予想していないことを伝えた最初の事例に
なった。

⑨　東浦友康さん：東京薬科大学教授で、北海道林業試験場勤務の時に、
マイマイガ卵の高さと積雪深との関係を研究し、北海道など雪の多い所
では樹木の低い所に、京都など雪の少ない所では高い位置に産卵するこ
とを明らかにし、国際誌(Higashiura, 1989a・b)に優れた論文を発表され
た。日高敏隆先生に依頼されて、S さんの学位論文を精査された。統計
処理のやり方に問題があることを S さんや主査に伝えたが、その指摘は
時間的問題があって十分に生かされず、間もなく完成された学位論文が
送られてきたそうである。論文博士の学位授与に至るには、審査委員会
主催の公開の場で本人に発表させ、主査を中心とする学位審査委員会で
合否を決定する建前だが、審査委員会を開催する日時が決定されれば、
事実上学位授与は決まっていると言っても過言ではない。最終決定は大
学院博士課程を担当する教官で構成する研究科委員会での賛否投票によ
る。学位論文は通常相当のボリュームがあり、専門家といえども精査す
るには相当の時間と労力を要する。東浦さんは、私がカマキリの雪予想
は間違いと主張していることを知り、自分にも責任の一端があると感じ
ておられたのだろう。2010 年 11 月 13 日に東浦さんから電話を頂いた。
その後問題になった資料も送って頂いた。東浦さんから見て、問題が多
いと思われた研究が、学位審査後数々の受賞に輝き、戸惑っておられた
様子だった。東浦教授はカマキリの雪予想の学位論文に統計処理の点で、
いくつかの問題があることや『冬を占う』の積雪深予想値と実際の観測
地との相関は新潟県の広い地域では弱い相関がある程度で、県北部、県
央部、県南部など同じ地域では何の相関もないことに気付いておられた。

　以上、カマキリの雪予想は間違いであるとする私の主張に賛同して頂いている主な9名を紹介させて頂いた。他にも多数の賛同者がおられる。現在は、私の主張に反対する昆虫学の専門家はおられなくなった。しかし、メディア関係者を始め国民の大部分は、カマキリが高い所に産卵すると大雪になるとする雪予想説を、今も信じているのである。

　ただ、私としてはカマキリが積雪深を予知できると信じている人たちに、それは間違いであることを納得いただける十分な証拠はすでに揃っており、本書を通じその根拠を十分に示せたものと考えている。

Ⅴ カマキリ研究の備忘録

1　研究は魅力がいっぱい

　野の花は美しい。スミレの紫、キキョウの空色、リンドウの青などそれぞれ独特な固有の色彩を持つ。昆虫の色彩は驚くべき多様性を示す。モルフォチョウの美しさ、タマムシの神秘的な輝き、キャベツの葉についたアオムシの隠蔽色、生き物の奥深さは色彩や形だけでなく、行動や生活史にも多様性が見られる。ミツバチは一心不乱に花の蜜や花粉を集める。自分たちの食料や幼虫の餌とするために・・・。その行為が顕花植物の受粉に役立つ利他行動となるとはミツバチは思っていないだろう。リスがドングリを集めて後で食べるために土に埋める。リス自身のために集めて保存するのだが、掘り忘れるものがあるのでドングリの木の分散に役立つ。カマキリの研究をすることで人の役に立つのかと問われれば、一般には、すぐに役立つことはないだろう。渡部宏博士は「カマキリ農法」を提唱している。農作物の害虫をカマキリに食べてもらおうと考えているのだ。面白い考えであり、やってみる価値は十分にあると思われる。その場合には、カマキリの共食いや分散力の研究が役立つかもしれない。自然の謎を解くこと、知的好奇心にひかれてカマキリはどんな昆虫か？他の昆虫とどこが違うのか？カマキリの過去、現在、未来を考えるなど、興味は尽きないし研究には魅力がいっぱい溢れている。以下、研究をする上で私が考えてきた問題や事柄について短く触れたいと思う。

(1) ファーブルの昆虫記

　ヒトの能力は驚異的である。物置や倉庫に満杯に物を入れたら、それ以上は入らない。しかし、ヒトの脳は知識が際限なく入り、勉強しても経験しても、学べば学ぶほどいくらでも知識が入る不思議な魔法の器官である。そう思わせるのが、ファーブルである。1879〜1907 年の間に『昆

　虫記』全10巻を刊行した。彼はフンコロガシ、寄生蜂、狩りバチ、セミ、カマキリなどの昆虫やクモを正確に観察し、記載できる天才だった。仮に、一般の昆虫学者が100人束になっても、ファーブル一人分の研究成果を上げることは不可能だろう。日本ではファーブルを知らない人は皆無に近い。自然好き、生物好き、昆虫好きのきっかけは『昆虫記』に触れたからと言う人がなんと多いことか。ただし、昆虫記の知名度が極端に高いのは日本だけで、欧米ではそれほどでもなく、フランスですら昆虫記の知名度は日本ほどではないらしい。

　昆虫の形態、行動、色彩等を見ると、それらの巧みさ、奥深さは神秘的にさえ見える。ファーブルはダーウィンの進化論を支持しなかった。自然選択と適者生存によりおびただしい数の昆虫が出現し、巧みな行動の数々が環境適応による進化で説明できるとはどうしても思えなかったのだろう。

　なお、余談だがメンデルがエンドウ豆で実験して発見した遺伝の様式は「メンデルの法則」と言うが、同じ19世紀に発表されたダーウィンの「種の起源」説は「進化論」と言われ、今なお“法則”とは呼ばれない。メンデルによる遺伝の法則はエンドウでも他の生物を研究材料としても、誰がやってもほぼ同じ結果になり再現性がある。一方、ダーウィンによる種分化の考えは証明されたとまでは至っていないが、全ての生物においてDNA（一部RNA）が生命の本体であり、3塩基で1個のアミノ酸に対応してタンパク質を合成する仕組みが明らかになり、「進化論」は種分化のますます有力な説となっている。

（2）産卵数と適応度

　魚や昆虫の産卵数と生存率との間にはしばしばトレードオフ（二律背反）の関係が見られ、産卵数が多い種では発育して親になり次世代を残すまで生存できる確率は低い。つまり、産卵数と生存率には負の相関が見

られる。産卵数が少ない種は成長の過程で比較的生存率の高い場合が多い。たくさん産んでその中の一部が次世代を残すまで発育すればそれで良しとするか、それとも少し産んで生存率を上げるかで、それぞれの種の最適産卵数が自然選択によって決まってくる。多産戦略か少産戦略かは種によって異なり、次世代に残る数が多くなる産卵数、すなわち最適産卵数に落ち着くことになる。

　卵の大きさと卵の数の関係にもトレードオフが働く。繁殖に使える資源量(餌、消化効率、卵生産力、産卵期間など)に限りがあるので、何かを優先すると、別の形質を犠牲にしなければならなくなる。成虫サイズが同じなら卵を小さくすれば産卵数を多くできるが、卵を大きくすれば産卵数が減少する。

　カマキリの卵サイズは他の昆虫に比べたら極端に大きい。オオカマキリとオキナワオオカマキリはふ化幼虫が1cm ほどある。そんなに大きい初齢幼虫は、日本ではショウリョウバッタくらいかもしれない。他のカマキリも成虫の体が大きければ、ふ化幼虫も大きく、成虫が小さければふ化幼虫も小さい。カマキリはどの種も完全な捕食性であるため、ふ化幼虫の時点から体が大きい方が生存上有利なのだろう。

　弘前産のオオカマキリは、卵包当たりの平均卵数×産卵回数 = 176 × 1.7 ≒ 300 個の卵を産み、そのうち♀♂の2個体が成虫になり交尾・産卵すれば、理論上は毎年同じ発生密度になる。つまり、2/300 ≒ 0.0066 となり、産卵数の0.66％生き残れば種は継代できるということである。産卵数は北に分布するオオカマキリほど少なく、南に分布するものは多くなるので、生存率に地理的多様性が見られるのだろう。いずれにしても、産卵数から推定すると、カマキリの交尾・産卵に至るまでの生存率は1％以下と推定される。

(3)　♀と♂

　聖書の「創世記」の２章によると神は土地のちりで男を造り、彼のあばら骨の一つを取って女を造ったと書いてある。この記載は生物学的に間違いであると私は思う。細胞内の共生微生物で呼吸を担うミトコンドリアは、♀親からだけ受け継ぐので、男が女の前に存在していたら呼吸ができないはずである。聖書は男が書いたことは明らかだ。実際には♀が先にあり♂が遺伝的多様性を保つために、後から生じたと考えるべきであろう。♀♂のないバクテリアは全部が♀であり、ミミズは♀♂同体だが自家受精はできないので、他個体と交尾することで次世代へと命をつなぐ。昆虫の中では、♀しか知られていないナナフシやゾウムシの一部は単為生殖で子孫を残すが、♂だけで世代を継続できる種は知られていない。アブラムシは夏の間は♀が♀を産む単為生殖で増殖を続けているが、冬の前に♂が現れ交尾して受精卵で越冬する。ミツバチやアシナガバチ、カマキリの卵の天敵オナガアシブトコバチなどは受精卵から♀、不受精卵から♂が生まれる。交尾だけが重要な仕事である♂の数は最小限にして、交尾のために必要な時だけ現れる。コオロギ、キリギリス、セミなどは鳴くのは♂だけで、鳴き声で交尾相手を誘う。鳴くことは自らの存在を交尾相手に知らせる手段であるが、同時に天敵にも気づかれ、攻撃されやすくなる。私達がキリギリスを採集する時、♂は鳴いているので居場所がすぐわかるが、鳴かない♀を見つけて採集するのは難しい。カマキリを始め昆虫の大部分は♀の体が♂より大きい。その違いは卵を産む♀と、微細な遺伝子を次世代に伝える♂の役割の差に起因する。ただし、カブトムシやクワガタムシなど♀をめぐって戦う昆虫の♂は、角や大あごを発達させて大型になっている。ヒトやライオンの♂が♀より、一般に体が大きいのは同種、異種と戦う歴史の表れなのだろう。カマキリはどの種も、♀が♂より大きくて強い。

(4) Publish or perish

　研究者は論文を書いて生き残るか、さもなければ消え失せるか、だと
言われる。論文を書かないと研究者として採用してもらえないのも現実
である。自分の好きなチョウやハチの研究だけをやって一生を過ごせる
なら、趣味と仕事が一致して楽しい人生を送ることができるだろう。し
かし、好きなことだけをやっている人に給料をくれるほど世の中甘くな
い。困ったことに、ヒトは食べ物がないと生きていけないし、お金がな
いと食べ物を手に入れることが難しい。昆虫の研究を専門にやって給料
をもらえるプロになるのは、相当に強運の人か、研究成果が高く評価さ
れた人であろう。実際には、教師、医師、実業家などを本職にしながら、
趣味として昆虫の研究をする人は実に多い。職業としてではなく、趣味
として昆虫学をやっておられる人々の研究成果も実に大きい。それだけ
昆虫学は魅力のある研究分野なのだろう。

　研究論文数は数えることができる。ただし、研究論文の質は数えるこ
とができない。多くの研究者は論文数をいかに増加させるかに腐心する。
優れた研究者は一般に発表論文数が多い。ただ、論文数に重きを置くと
1円銀貨、千円札、1万円札もともに1つ（1論文）と数えてしまうことに
なりかねない。社会で成功するために、データを捏造したり、他人の論
文から情報を盗用して論文を増やそうとする行為は、論外である。科学
において重要なのは、発表論文数ではなくその質である。

　学会は研究者にとって、絶好のアピールの場となる。一般に発表時間
はたった12分、質問時間3分だけである。発表時間が短いからこそ、ど
れだけの研究内容かよくわかる。研究者にとって学会参加、発表は厳しく、
楽しい場である。

(5) 研究者の報酬

　小・中学校 9 年間の義務教育、高校、大学と年齢に応じた教育を受ける。私達は先人の業績をひたすら学習し、既存の知識を吸収している。そして多くの知識を覚えた人を頭の良い人と呼んでいる場合が多い。世界で誰も気づいていないことを発見することや、何かを創造することは普通の人にはなかなかできない。世界の既存の知識がどのレベルであるかを知らなければ、得られたデータがどんな意味を持つか判断できないし、新発見や独創性は生まれない。

　メンデルはエンドウを用いた実験で遺伝の法則を発見し、1865 年にその結果をまとめた論文を書いた。しかし、1900 年にドフリース、コリンズ、チェルマクの 3 人が再発見するまで 35 年間も、メンデルの偉大な業績に気付いた人は誰もいなかった。また、1912 年にウェーゲナーはパンゲア大陸が分裂して現在の世界の陸地ができたとする「大陸移動説」を提唱したが、当時は誰一人として受け入れる人はいなかった、と言われている。研究者にとって新しいことを発見したら、それだけで努力は報われ喜びを感じるに違いない。もちろん、誰かがその発見の重要性を認めてくれたら、うれしいと感じるだろう。しかし、自然の謎を解く喜びこそが、研究者の一番の報酬なのだと、私は思う。

　知力とは、今まで先人が確立した知識を学び覚えることで身についたものである。頭の良い人、成績の良い人は何でもすぐに覚えられる人のことである。自分で新しく何かを発見することとは別である。研究の醍醐味は、誰も知らないことを自分で発見することである。ヒトの役に立とうが、役に立つまいが関係なしに、とにかく誰も気づかなかったことに気付くことだ。新発見、些細な発見、何でもありだ。世界で初めて、日本で初めてなど、発見の喜びこそが研究者の喜びである。私たちの知識や想像力は限られているので、今無駄だと思える知見が、将来人類に

とって重要なものにならないとは誰にも断言できない。

　一つの新しい発見には時間がかかる。運もあるだろう。ただ覚える知識の暗記にはそれほどの時間はかからない。なんでも頭に入れ込むことができれば成績は上がり、知識人になる。物知り、評論家、科学ジャーナリスト、知識人、専門家として認められる。一方、自分が納得するまで、実験を重ねて新理論を見つけるには莫大な時間と労力がかかり、情熱が必要である。

　偏差値の高い人は、教科書に書いてあることを何でも受け入れることのできる人である。これはおかしいとか、自分で納得できなければ覚えられない人は、覚えるまでに時間がかかる。そのため多くのことは覚えられない。だから、頭の良い偏差値の高い人は研究者には向かない。定説を疑い、納得できないことは覚えられない、不器用な人が、むしろ研究者には向くように思う。

　他人の論文は一日で何本も読める。自分で調べ論文を書くには数年かかる。他人の論文をたくさん読む人は何でも知っている知識人になり、コツコツと多くの時間を自分の研究に使う人は、広い知識を持つことは難しいが、満足度はむしろ高いかもしれない。

（6）既知、未知、不可知と学校での成績

　私たちは高校まで既に明らかになっている「既知」の事柄を、教師、教科書、メディア等を通して学ぶ。いわゆる定説を学ぶわけである。中には、日本史のように「邪馬台国」のあった場所として畿内説と北九州説とがあって、結論が出ていないという場合もある。生命はどこでどうしてできたのか？地球以外に生命体が存在する星があるのか？などは、将来わかる時が来るかもしれない。今はわからないので「未知」の分野だ。ヒトが死んだらどうなるか？ヒトが死んでから生き返ることはないので、永久にわからない。しばらくの間、意識を失った人が、その後意識を回

復して死後の世界を見てきた話をする場合があるが、その話は死後の話
ではない。その意味で人が死んだらどうなるかは永久に「不可知」のま
ま残るだろう。

　学校での成績が良い人、普通の人、良くない人がいる。この問題はい
つの世でも直面する大問題だ。成績の良い人は頭が良い人であると、一
般に言われている。私は山形県村山地方の朝日町の最上川沿いの杉山と
いう村落に 1939 年に生まれて育った。一番近い上流の隣村までは 2km
あり、そこは旧米沢藩（上杉藩）なので、言葉が少し違っていた。国民学
校 1 年生だった 1945 年 8 月に終戦を迎えた。当時の杉山は全戸で 47 軒
の村落であったが、現在では過疎化が進み 2020 年には 21 軒だけになっ
た。村に小学校の分教場があり 1〜4 年生が一つしかない教室で学んだ。
校舎はカヤ葺屋根の 2 階建てで、1 階は障子戸の体操場、2 階がガラス戸
の教室であった。私の同級生は男 4 人、女 3 人の計 7 人であった。5〜6
年の時は 4km 離れた本校に通った。中学校まで 10km あり、晴れの日は
自転車で雨の日は歩いて登校した。当時は除雪機がなく豪雪地なので冬
はとても通学できなかった。そこで、冬の間は私の村の生徒だけ中学校
の近くにある寄宿舎に泊まり、そこから通学した。私の名前は喜一だが
次男であり、中卒ですぐ就職し、福島の叔父さんのところに行って、印刷
の見習工になる予定であった。ところが、私が中学 3 年生の秋遅く、中
学校の直ぐ近くに住んでいた親戚の主人が、父に私が中卒で就職するよ
りも、将来を考えて進学させた方が良いのではないか、と進言してくれた。
親戚の主人は祖母の弟で山形師範学校を卒業し、町内の小学校の校長を
歴任し、当時はすでに退職していた。寄宿舎に泊まったら受験勉強はで
きないだろうからと、親戚の家に泊まって勉強することを薦めてくれた。
その家に私と同級生がおり、彼はいつも学年で 1 番の成績であった。また、
同級生の兄も大学受験を控えており、11 月下旬から私が加わり、3 人が
6 畳一間で一緒に受験勉強をすることになった。それまで私は宿題があ

ればしぶしぶやる程度で、勉強らしい勉強はしたことがなかった。自宅には自分用の机すらなかった。親戚の家では、3人が勉強する部屋で寝るため夜の12時までは布団を敷かない。だからそれまで寝ることができない。勉強する習慣のない私は、夜8時ころになると毎日コクリコクリと居眠りばかりしているので、そんな状態では高校に入れないと呆れられ笑われた。14才の中学3年生が、実家を離れ急に受験勉強するのは辛かった。何が大変でも勉強することほど辛く、大変なことは、この世にないのではないかとさえ思った。トイレで一人泣いていたこともあった。受験勉強を始めて1か月以上経過した1月には、なんとか12時までは起きていられるようになった。他の2人は毎日午前2時まで勉強していたそうだが、私にはそこまで頑張ることはとてもできなかった。苦労が報われて3人とも希望通りの高校・大学へ進学できた。

　高校受験のためのたった3か月余りの勉強、それが私の人生を変えた。それ以前は、学業成績の良い人は頭が良いからだと信じていた。ところが、成績の良い人とは頭が良い以前に、長い時間懸命に勉強する人であることを知った衝撃は大きかった。ヒトによって覚えのよしあしは多少あるだろう。しかし、勉強ができるか否か、成績が良いか否か、試験に合格するか否かの違いは、勉強するか否かが一番大きな要素であることを確信した。

　それは重要な側面を持っているが、科学者としての資質や能力を必ずしも高めるものではないだろう。

2　カマキリ研究を通じて改めて気づかされたこと

（1）スギ林とカマキリ研究

　「カマキリの雪予想」が正しいのか否かを知るには、カマキリ、雪、スギおよび統計学についてはある程度の知識が必要である。私が小学校4

年生の時（1949 年）に自宅前の畑に目盛りを付けた棒を立てて冬の間の積雪深の変化を調べた。最深積雪は 1 月末で 160cm ほどだったと記憶している。私の家は農家で母屋の他に 7 棟ほどの建物があり、冬の間は雪下ろしが不可欠だった。毎年 3 回雪下ろしをしたのを覚えている。私は豪雪地で育ったのだ。

　杉山という村落名だけあって、至る所にスギ林があった。私は小学 4 年頃から中学 3 年まで雪が消えるとすぐに、祖父の手伝いで「スギ立て」をした。スギは柔軟性があり冬の雪に埋もれても折れたり枯れたりすることはないが、豪雪地では幼木の間は、雪の重みで曲がってしまう。そこで、スギの商品価値を高めるため「スギ立て」をする。スギの植林から 5〜6 年は雪解け後に、曲がったスギの幼木の幹の中頃を縄で縛り、縄の一方を木株などに結び付けるか、打ち込んだ杭に結びつけて引き寄せ、曲がったスギを直立させるのだ。また、植林後の数年間は下草や灌木などを年に 1 回、晩夏から初秋の間に刈り取る「下草刈」を行う。だから、幼木のスギ林は革靴で立ちいることができるほど整備されていた。その幼木林は適度に日光が当たり、春にはゼンマイやワラビなどの山菜が豊富に得られる場所になった。なお、スギ苗は専門の業者が育て、一般の林業家は 30cm ほどに伸びた苗木を購入して植林した。また、スギが成長するにつれて地面に近い枝を切り落とす「枝打ち」、植栽密度を調節し、曲がったり発育不良のスギを間引く「間伐」も欠かせない作業だった。中学校に学校林があり、私達生徒が毎年スギの植林を行い、夏休み明けには下草刈を行った。

　以上のような子供のころの豪雪地での生活と、スギを育てた体験が、カマキリの雪予想の真偽を判定するのに大いに役立ったことは、不思議な縁を感じる。人工林であるスギだけでカマキリの卵包の高さと積雪深との関係を調査すると、何が問題かが手に取るようにわかった。

　1950〜1960 年代に山林を所有する農家は、経済的に恵まれた。第二次

　大戦後、農地解放で地主は水田を失ったが、山林は開放の対象にならなかった。山林所有者にとって雑木は薪や木炭の原料として売れ、スギは建築資材として需要が多く、高値で売れた。私は山形県の田舎の山村に生まれ育ったのに、主にスギの木を売ったお金と養蚕の収入で、当時、日本の大学進学率が10%に満たなかった状況下で、大学へ進学できた。カイコの飼育を手伝ったことも後に昆虫学を学ぶのに役だった。私は杉山という山村で国立大学に進学した最初の例になった。

　当時、スギの植林は国策として奨励され、苗木代などが補助された。また、営林署と言う林業行政を担う役所が方々にあったし、どの町にもスギの丸太を板に加工する製材所があった。スギを伐採したらすぐにまたスギを植え、さらに雑木を切って商品価値の高いスギを植える人々が多かった。ところが、1964年から木材の輸入自由化に伴って、国産スギの需要が急激に落ち込み、価格が低下し林業が極端に低迷し始めた。現在は日本中の里山、山村に伐採期を過ぎたスギが、林業行政の失敗の象徴として、文字通り林立し、日本人の多くを悩ます花粉症の原因として、スギは厄介者になってしまっている。

　人工林にはカラマツ、アカマツ、クロマツ、ヒノキなどもあるが、一番多いのはスギ林である。日本に天然スギがないわけではない。雑木林などにあちらに1本、こちらに1本と不規則に生えていれば、天然スギと考えてよいが、私たちが目にする大量に、整然と並んでいるスギは人工林である。スギはナラなどの雑木に比べて根が浅く、大雨による山崩れで、流木となって被害を拡大している光景は痛々しい。

　一般に、皆さんが見ているスギで、東山魁夷画伯が描いたような成木にはオオカマキリは産卵しない。産卵期に達するころの♀成虫は、卵巣発育に伴って腹部が肥大し飛べなくなるので移動力が低下し、「枝打ち」したスギには這い上がらなくなる。枝打ちしない放任スギでは、下枝が地面近くまで伸びている場合や、幹を経由せずに下枝の近くに生えてい

るススキ、ヨモギなどを伝わって、産卵に適した枝葉に達することができれば、樹高が 10m を超えるスギでも産卵することがある。

　一方、スギの幼木を育てる間は、下草刈を行うので広い範囲でスギ以外の植物が除去される結果、スギだけが産卵可能な植物になる可能性がある。いずれにしても、スギ林は人為的要素が多く、カマキリの自然の営みが見えにくく、カマキリの卵包の高さと積雪深との関係を調査するには問題が多い場所と言える。繰り返しになるが、子供のときにスギを育てた経験が、カマキリの雪予想の真偽を判断するのに役立ったことには、つくづく不思議な縁を感じている。

（2）ヒトは間違う生物：間違いとウソ

　ウソと間違いは異なる。ウソは本人が事実でないことを知りながら、他人にそのウソを伝えることであり、間違いは本人が事実だと思って他人に伝えたが、実際には事実でなかったことである。ウソと間違いは道徳的には差があるが、第三者から見ればウソと間違いは紙一重であり、事実でないことを知らされる点では、結果的に同じである。

　ヒトは忘れることがあるし、間違いをする生物なのである。どんなに注意しても忘れたり間違ったりすることは避けられない。注意しても事故は起こるし、思い込みで間違える。良かれと思ってやったことで、他人に迷惑をかけることもある。どんなに注意しても、努力しても間違いを少なくすることができても、完全になくすことはできない。それがヒトだと思う。

　間違った話は一般に面白い。そしてとんでもない間違いほど面白いのである。誰かが発した間違いに周囲の人が気付かなければ、更に周囲に伝わる。また、メディアに取り上げられた場合には、とめどもなく広がっていく。そうなるとその間違いを訂正することは容易ではなく、それを正すにはとんでもない労力と時間が必要になってしまう。「カマキリの雪

予想」はその典型的な例だと思う。一人の間違いだけで、それが世に伝わることはまずない。カマキリの雪予想が間違いだったのは、それを主張した人だけの責任ではない。それが本当だと信じた論文の査読者、学位審査委員、昆虫学の専門家やメディア関係者、気象予報士もいて、全国に真実として伝え続けられたのである。全員が良かれと信じてカマキリの雪予想を支持していたのかもしれない。

（3）専門家は信じ易い

　新発見は意外と専門家にはできないものである。数学者などは30才を超えたら、新発見を期待するのは無理だとも聞く。専門家は物知りであるが故に新発見ができなくなる。例えば、チョウやカミキリなどの人気の高い昆虫の新種を発見するのは、高校生や、採集を始めて日の浅い人である場合が意外とよくある。恐竜の新種の化石を発見した高校生もいる。専門家は知識があるが故に、見ただけでチョウやカミキリの種名の見当がつくので捕獲しない。しかし、昆虫採集に興味を持ち始めた人は何でも捕獲してみる。その好奇心とエネルギーが新発見につながる。もちろん、新種かどうかは専門家でないと判定できないが、新種発見のキッカケは専門家や大御所でない場合が結構多い。

　専門家はそれぞれの分野で定説を知っているし、自分で確信できることしか発言しない。それは研究者間の暗黙の了解である。各専門家は、お互いに本当のことを言っていると何の疑いもなく信じている。しかし、専門家はSさんのように悪気はなくても、研究者としての常識とは異なる人には対応できないのだ。言い伝えが真実であると思い、仮説の上に仮説を立てて小説を書くようにカマキリの雪予想説はできあがったようだが、専門家は研究者もアマチュアも、真実を語っていると性善説に従って判断してしまう。専門家は事実に基づかないことでもつじつまがあっていれば、容易に受け入れてしまう傾向がある。

(4) 統計学を学ぶ

　私は統計学が得意ではないが、客観的に物事を判断する統計学の重要性は認識しているつもりである。岩手大学で統計学は石川栄助先生に学んだ。先生は自著の「実用近代統計学」を用いて授業をされた。何とか単位は取得したが、理解は半分程度だったので２年次の時にも先生に申し出て、単位とは関係なく講義を再度受けさせていただいた。さらに、大学院修士課程でも石川先生の統計学の講義を受けさせてもらった。統計学に魅力を感じたことと、石川栄助先生に限りない敬愛の念を抱いたからである。先生は尋常小学校卒だった。全国の大学の中で、小学校卒で大学の教官になったのは、自分の他にいないと思う、と言われていた。当時は助教授であった。岩手県奥州市水沢地区にある国立天文台水沢緯度観測所で雇いとして働いていた時に、責任者の木村栄博士に数学に関する抜群の素質を見出され、独学で研究者の道に進んだそうだ。学歴よりも実力の見本を示している先生であった。石川先生は受講学生をびっくりさせる特技があった。自分で執筆した統計学の教科書とはいえ、5桁の数字が10個以上も並んでいる表内の数字を全部暗記していて、学生の前で何も見ずにすらすらと黒板に書いていた。受講生はあっけにとられどうして50以上の数字を暗記できるのか？びっくり仰天であった。私たちは比較する時、なぜ平均値を使うのか？　その理由は、平均値は「偏差平方和を最小にするのが最確値である」とする「定理」の上の「公理」に基づいていること。平均±標準偏差には全体の68.3％、約2/3が含まれること。平均±3σ、つまり平均±3×標準偏差には理論的に全体の99.7％が含まれる。そこで、1,000回に3回しか正しいことを言わない人を「3σの外」「千三（せんみつ）」と言う話などを教わった。

　また、石川先生は人間社会における統計学の役割、占いや運命鑑定と統計学との関わり、マジックショーにおける数字のトリック等について

も講義の中で話してくれた。そんなわけで、石川先生は私が教えを受け
た先生の中で、特別に尊敬できる存在であったし、統計学が研究者にとっ
ていかに重要な学問であるかを認識するきっかけを作って頂いた。

(5)　科学とコンピューター

　著名なプロ棋士がコンピューターと対戦し、負けて話題になった。現
代社会においてコンピューターの役割は極めて大きい。宇宙開発技術や
天気予報も、コンピューターに負うところが大きい。百年後の人口動態
や二酸化炭素の濃度もコンピューターでシミュレーション(模擬実験)す
ることが可能である。われわれはコンピューターで計算したものは全て
正しいと思いがちである。しかし、コンピューターは正しく計算するが、
計算の条件となるパラメーターを考えるのは人であり、そのパラメーターを
変えれば、計算結果は変わることになるので、コンピューターで計算し
たからと言って科学的真実が得られるとは限らない。統計学は正しい学
問であるが、統計学をどのように駆使するかは人の能力によるところが
大きい。「大きなウソ、小さなウソ、統計のウソ」とも言われるが、統
計学的に正しいと言われると反論の余地がないと感じる場合が多い。し
かし、統計学的に正しい＝科学的に正しいとは限らないことに注意を要
する。

(6)　科学と技術

　科学は「自然の謎を解くこと」であり、技術は「物を造ること」とい
われる。一般的に言えば生物学は科学であり、工学は技術である。カマ
キリが雪予想するか否かを研究するのは科学であって、技術ではない。
ただし、カマキリの卵包の高さから積雪深を予想するのは技術である。
カマキリがどんな生物であるかを解明するのは科学であるが、カマキリ
が雪予想できるなら、卵包の高さから積雪深を予測でき、雪国に住む人々

の役に立つ技術となる。

　生物統計学と工学統計学は一般に対応が異なる。生物統計学では得られたデータを、補正の名で改変することは一般に認められない。植物や動物は、ヒトのために生きているのではなく、それぞれの生物自身のために生きている、と言えるからだ。一方、工学統計では補正は一般的に行われる。例えば、耐震強度をどの基準にするかによって対応が異なり、不足するなら鉄筋を太くするとか、鉄筋の数を増やすことができる。また、水害を防止するための川の堤防をどの高さにするかは、設定条件を変えることで対応が変わってくる。

(7) 講演者と聴衆

　講演会が開催される時、講演者が一人か二人の場合が多い。講演者は名を成した人で文字通り高い立場から話をし、聴衆は講演者の話を聞くために会場に集まった多数の一般人であろう。一般に講演者は著名人、偉い人、有名人である場合が多い。Ｓさんは新潟県を中心に、山形県、長野県、東京都などで講演を行い、また、学会からの要請を受けて近畿地方の大学でも講演を行っている。新潟県ではカマキリ博士として、また防災の専門家として知らない人がいないほどの超有名人なので、Ｓさんの講演会に集う人々は、博士号を持つ民間人に尊敬の念を抱いて聞き入ることになるだろう。講演者の話はスケールが大きく、発展的で活力があり景気が良く、やや誇張気味の話が好まれる。一般の人が理解できないような不思議で、超能力としか考えられないような話をする人は偉い人に見える。大学で学生に講義する時に全体の20％くらいは学生が理解できない内容の話をすると、優れた教授と評価されるという説もある。真偽は別として難しい話をする人は頭の良い人と思われる傾向があるようだ。

　講演者と聴衆との立場の違いに立てば、一般的に講演者が真実を話し

ているか、ウソを言っているかを聴衆が判断するのは容易でない。

(8) 気象観測

　カマキリの研究で、さまざまな気象データによって、地理的傾向や季節適応の様相などを吟味することはきわめて重要であった。

　1962〜1965 年、私は農林省、園芸試験場興津支場の「かんきつ虫害研究室」の研究員であった。その場所は現在の静岡市清水区だ。試験場内に気象観測所があり、静岡地方気象台から委託を受けて、正式な気象観測を行っていた。若い研究者を中心に一週間ごとに当番で観測していた。百葉箱の中の午前 9 時の気温、最高と最低気温、湿度、降水量、日照時間、雷の有無などを調査するため、観測当番の週はどこへも行かずに観測した。地方気象台の委託を受けた仕事として気象観測をしていたが、静岡気象台の資料となるだけでなく、果樹や野菜の研究にも気象条件はおおきな影響を与えるので、試験場内で得られた気象観測データは、私たちの研究にも役立てられた。現在は人手ではなく、機器による気象観測アメダスになっている。カマキリを含め、全ての生物は一定の気象条件の範囲内で生存する。

引用文献

安藤喜一. 2008. オオカマキリの耐寒性. 耐性の昆虫学（田中誠二・小滝豊美・田中一裕編著）東海大学出版会. 57-67.

安藤喜一. 2010. ありえない話「カマキリの雪予想」. 地球温暖化と昆虫（桐谷圭治・湯川淳一編）全国農村教育協会. 260-261.

安藤喜一. 2011. カマキリの生態. 昆虫と自然. 46(13): 2-4.

安藤喜一. 2011.「カマキリの雪予想」は本当か？ 昆虫と自然. 46(13): 13-16.

Battiston, R., Puttaswamaiah, R. and Manjunath, N. 2018. The fishing mantid: predition on fish as a new adaptive stategy for praying mantids (Insecta : Mantod). Journal of Orthoptera Research, 27(2): 155-158.

Gemeno, C., Claramunt, J. and Dasca, J. 2005. Nocturnal calling behavior in Mantids. Journal of Insect Behavior, 18: 389-403.

藤崎憲治. 2015. 絵でわかる昆虫の世界. 講談社.

古橋嘉一. 2012. ザ レジェンド オブ マンテス ―ある間違いへの挑戦―. 農林害虫防除研究会. News Letter, No. 29: 6-8.

古川晴男. 1967. 日本昆虫記Ⅲキリギリスの生活. ブルーバックス.

日高敏隆. 2001. 動物の予知能力, 春の数えかた. 新潮文庫. 118-122.

日高敏隆. 2008. カマキリの予知能力, ネコはどうしてわがままか. 新潮文庫. 144-147.

Higashiura,Y. 1989a. Survival of eggs in the gypsy moth *Lymantria dispar*. 1. Predation by birds. Journal of Animal Ecology, 58: 403-412.

Higashiura, Y. 1989b. Survival of eggs in the gypsy moth *Lymantria dispar*. Ⅱ. Oviposition site selection in changing environments. Journal of Animal Ecology, 58: 413-426.

Hildebrand, E. M. 1949. Hummingbird captured by praying mantis. Auk 66: 286.

Hurd, L.E. 1985. Ecological considerations of mantids as biocontrol agents. Antenna, 9: 19-22.

Hurd, L.E. 1988. Consequences of divergent egg phenology to predation and coexistence in two sympatric, congeneric mantids (Othoptera : Mantidae). Oecologia, 76: 547-550.

Hurd, L.E. 1999. Ecology of praying Mantids. The praying mantids. Edited by Prete, F.R., Wells, H., Wells, P.H. and Hurd, L.E. The Johns Hopkins University

Press. 43-60.

Hurd, L.E., Prete, F.R., Jones, T.H., Singh, T.B., Co, J.E. and Portman, R.T. 2004. First identification of a putative sex pheromone in a praying mantis. Journal of Chemical Ecology, 30: 155-166.

Inoue, T. 1983. Foraging strategy of a non-omniscient predator in a changing environment. Ⅱ. Model with two data windows a relative comparison criterion. Research of Population Ecology, 25: 264-279.

石井象二郎. 1969. 昆虫の生理活性物質. 南江堂.

岩橋統. 1992. カマキリの神話, ♂♀のはなし (梅谷献二編). 技報堂. 49-56.

岩崎拓. 1996. オオカマキリとチョウセンカマキリ. 日本動物大百科　昆虫Ⅰ. 平凡社. 95-97.

Iwasaki, T. 1990. Predatory behavior of the praying mantis, *Tenodera aridifolia*. Ⅰ. Effect of prey size on prey density. Journal of Ethology, 8: 75-79.

Iwasaki, T. 1991. Predatory behavior of the praying mantis *Tenodera aridifolia*. Ⅱ. Combined effect of prey size and predator size on prey recognition. Journal of Ethology, 9: 77-81.

Iwasaki, T. 1996. Comparative studies on the life histories of two praying mantises, *Tenodera aridifolia* (Stoll) and *Tenodera angustipennis* Saussure (Mantodia:Mantidae). Ⅰ. Temporal pattern of egg hatch and nymphal development. Applied Entomology and Zoology, 31: 345-356.

桐谷圭治. 1997. 日本産昆虫, ダニ, 線虫の発育零点と有効積算温度. 農業環境技術研究所資料, 21: 1-71.

Masaki, S. 1967. Geographic variation and climatic adaptation in a field cricket (Orthoptera : Gryllide). Evolution, 21: 725-741.

Matsura,T. 1981. Responses to starvation in a mantis, *Paratenodera angustipennis* (S.). Oecologia, 50: 291-295.

Matsura, T. and Inoue, T. 1999. The ecology and foraging strategy of *Tenodera angustipennis*. The praying mantids. Edited by Prete, F.R.,Wells, H., Wells, P.H. and Hurd, L.E. The Johns Hopkins University Press, 61-68.

宮沢清治. 1991. 天気図と気象の本. 国際地学協会.

岡田正哉. 2001. カマキリのすべて. トンボ出版.

大島千幸. 2018. 沖縄島北部属島におけるカマキリ目6種の初記録. 昆虫, 21: 151-160.

Prete, F.R., Wells, H., Wells, P.H. and Hurd, L.E. 1999. The praying mantids. The

Johns Hopkins University Press.

Perez, B. 2005. Calling behavior in the female praying mantis, *Hierodula patellifera*. Physiological Entomology, 30: 42–47.

Roeder, K.D. 1935. An experimental analysis of the sexual behavior of the praying mantis (*Mantis relingiosa*, L.). Biological Bullitain, 69: 203–220.

斎藤哲夫・松本義明・平嶋義宏・久野英二・中島敏夫. 1996. 新応用昆虫学（三訂版）. 朝倉書店.

酒井輿喜夫. 1993.『冬を占う』カマキリの「卵のう」と積雪深. 日本土木学会, 78(4): 44–47.

酒井輿喜夫. 1994. 平成5年度の雪を占う. 日本雪工学会誌, 10(1): 31–35.

酒井輿喜夫. 2003. カマキリは大雪を知っていた. 農山漁村文化協会.

酒井輿喜夫. 2005. カマキリの雪予想. 暮らしの手帖, 15号: 156–159.

酒井輿喜夫・湯沢昭. 1994. カマキリの卵ノウによる最大積雪深の可能性. 日本雪工学会誌, 10: 2–10.

酒井輿喜夫・湯沢昭. 1996. 地理的特性を考慮した最大積雪深予測の実際 ―カマキリの卵ノウ高さによる方法―. 土木学会論文集, No.55 II-37: 1–10.

酒井輿喜夫・湯沢昭. 1997.「カマキリが高い所に産卵すると大雪」は本当か. 日経サイエンス, No. 5: 44–53.

佐藤信治. 2009. カマキリ観察記. 農文協.

田口瑞穂. 2011. 科学的な見方や考え方を育成する授業の構想 ―オオカマキリの雪予想を教材として―. 日本理科教育学会　東北支部　第50回（弘前）大会発表論文集, 11.

筒井学. 2013. カマキリの生きかた. 小学館.

海野和男. 2015. 世界のカマキリ観察図鑑. 草思社.

Watanabe, E., Adachi-Hagimori, T., Miura, K., Maxwell, M.R., Ando, Y. and Takematsu, Y. 2011. Multiple paternity within field-collected egg cases of the praying mantid *Tenodera aridifolia*. Annals of the Entomological Society of America, 104: 348–352.

渡部宏. 2011. カマキリの防衛戦略と風を利用した隠蔽的戦略. 昆虫と自然, 46(13): 5–8.

Watanabe, H., Yano, E. 2013. Stage-specific defensive strategies of three mantid species, *Tenodera aridiforia, Hierodura patellifera*, and *Stailia maculata*, against a natural enemy, *Takydromus tachydromoides*. Annals of the Entomological Society of America, 103: 293–299.

矢島稔・宮沢輝夫. 2005. チョウの羽はなぜ美しい. 全国農村教育協会.

Yamawaki, Y. 2011. Defence behaviours of the praying mantis *Tenodera aridifolia* in response to loomibg objects. Journal of Insect Physiology, 57: 1510–1517.

山崎柄根. 1996. 日本動物大百科 昆虫Ⅰ, カマキリ類. 平凡社. 94–95.

安富和男. 2002. 大雪を予知するオオカマキリ. 虫たちの生き残り戦略. 中公新書. 164–171.

おわりに

　全ての生物は他の種と異なる特徴を持っている。カマキリは前脚の腿節と頸節の内側に棘が生えていて、そのカマを使って獲物を捕獲して食べる。ほぼ同じ体サイズの生き物の中ではカマキリが一番強いかもしれない。また、カマキリほど多くの種類の餌を食べる昆虫は他にいないかもしれない。捕らえることができる動くものなら何でも捕獲して食べるので、必然的に共食いの問題が生じる。食べられる方はたまらないが、食べる側には好都合である。カマキリは一切の束縛を受けず何を食べようと自由であり、生きて子孫を残すことが全てである。一方、同種内での共食いが一番深刻であり、カマキリの種間でも捕食は起こる。幼虫は一旦定着した場所からほとんど動かない。種ごとにある程度棲み分けが見られる。また、隠蔽色、擬態、擬死、長時間固まって動かないなど、あの手この手でカマキリ間での捕食を回避しているようだ。

　交尾の際に、オオカマキリの♀は♂を食べると信じている人々が多いが、私の観察は、カマキリはどの種も、夜に♀が放出する性フェロモンに♂が誘引されて交尾するのが一般的であることを示唆している。これを断言するには、今後フェロモンの同定が必要である。それ以上に不思議なのは、オオカマキリが風を受けにくい陽だまりになる場所に、集中的に産卵する現象が見られることだ。卵包当たりの卵数から推定すると、2、3個の卵包があれば十分と思われれる場所に、数十個もの卵包が見つかることだ。考えにくいことだが、オオカマキリは幼虫期に共食いするように用意周到に準備されているようにも見える。これは、産卵時に♀が集まる結果で、集合フェロモンの存在を示唆しているが、証明するには同定がかかせない。交尾の際はどの種のカマキリも、♀の上に♂がマウントするが、一つの例外もなく♂は必ず右側から交尾する。なぜそうなのかについては♂交尾器の左右非対称性に起因するかもしれないが未解決な問題である。

　日本に生息するカマキリは、沖縄や小笠原諸島、九州のヒナカマキリを除き年1回発生する。毎年発生するから1回でも次世代を残せなかったら絶滅する危険をともなうが、正確無比の日長変化に反応して生活史を調節しているので、気候の年次変動による絶滅の危険はなさそうだ。肉食昆虫であり大量発生することはないが、確実に世代を重ね続けている。天敵による捕食、共食いなどで産卵数の1％以下しか成虫まで発育できるものはないだろう。卵包は乾燥、積雪、津波、野焼きなどにも耐えることができる優れものだ。今後カマキリの種間での生息数の増減があっても、カマキリ自体が絶滅することは当分ないだろう。日本ではオオカマキリ、チョウセンカマキリおよびハラビロカマキリの繁栄が続くだろう。

　人は意識するかしないのかに関わらず、誰でも楽して努力しないで良い結果を得たい。勉強しないで良い成績を取りたい。また、できれば偉くなりたいとか、有名になりたい願望もあるように思う。今日では、有名人とはテレビを始め、新聞などのメディアに多く登場する人のことのようだ。国家や社会は、大部分を占めるテレビを見るだけの人、新聞を読むだけの一般人と、一握りの有名人とで構成されている。メディアに登場する有名人は社会で承認され人々から尊敬され、経済的にも恵まれている場合が多く、本人はメディアに登場するときに高揚感も得られるだろう。

　地震の原因は、大ナマズが暴れるからだと言う話は江戸時代からあったらしい。八百屋お七の話から丙午年生まれの女性は気性が激しく、夫の命を縮めるとの迷信により、丙午の1966年の出生率は前年と比べて25％も下がった。どうやら人は理論だけで行動しているのではなさそうだ。次の丙午の年は2026年であるが、出生率は果たしてどうなるだろうか？

　江本勝氏により1999年に発行された『水からの伝言』が話題になり、東北旧石器文化研究所の副理事長だった藤村新一氏は、各地で旧石器を発掘し、ゴット・ハンド（神の手）の異名を取った。しかし、現実には本人が発掘の前に埋めておいたことが判明した。琉球大学農学部の比嘉照夫教授が命名したEM菌（Effective microorganism）は、農地や河川環境の浄化だ

けではなく、生活のあらゆる場面で役立つとされたが、実はそうでないことが後でわかった。また、理化学研究所の研究員だった小保方晴子さんのSTAP細胞は、2014年に間違いと判定された。

　これらの間違った不適切な情報に比べて「カマキリの雪予想」は事情が異なる。学会誌にきちんと論文を発表し、国立大学で博士（工学）の学位を取得し、いわば国が認めた研究である。著名な昆虫学の専門家も「カマキリの雪予想」の研究を高く評価して自らの著書でも世に伝えた。日本一のエッセイにも認定された。当然メディアも何の疑いもなく正しいと信じて新聞、テレビでも国民に伝え続けたので全国津々浦々まで知れ渡った。カマキリが卵包を積雪深よりずっと高い所に産めば、冬に空腹を抱えた鳥に食べられてしまう。そこで、雪に埋もれないぎりぎりの高さに産むので、卵包の高さを見れば、その年の最大積雪深がわかると主張した。Sさんは数々の受賞に輝き、伝説に過ぎなかった「カマキリの雪予想」の仮説を科学的に証明したとして高く評価された。Sさんは27年間にわたり新潟県を中心に近隣県を含めて積雪深を予想した。その雪予想は、カマキリが行ったものではなかったけれど、大方適合しており、雪予想は統計学的に疑う余地がない、と言うのも確かだ。その予想は、この上なく面白いだけでなく、雪国の人々にとって役立つ情報になっていた。科学的に真実でなかったという以外、実害はなかった。

　民俗学の創始者として有名な柳田国男の「遠野物語」はカッパやザシキワラシの話が出てくるが、民俗学はどんな民話がどこにあったかを調査して、その結果を記述したのであって、それが実際にあったか否かを問題にしているわけではない。サンタクロースがクリスマスプレゼントを届けてくれると信じている子供の夢を壊さないために、実際は親がサンタクロースであることを子供に内緒にしておくのと同様に、カマキリの雪予想も本当だと信じている人々に、それは間違いだと伝えない方が親切なのではないかと考え、そっとしておいた方が良いのかもしれない。

　しかし、カマキリの雪予想は専門家である研究者を通して、メディアに

真実として伝えられた。メディアが伝えれば、多くの人はそれが真実だと思うに違いない。私は、長期に渡り、すぐに人々の役に立つことのない昆虫学の基礎研究を行ってきたが、間違いに気付いたらその根拠を示して堂々と主張すべきと、考えていた。

「カマキリが高い所に産卵すると大雪」は生物学の常識から余りにも逸脱している。あり得ないことがあると言うから面白いのだ。Sさんはデータを捏造したわけではなく、ただ元のデータを補正したのだが、その方法が間違っていた。カマキリは最深積雪を予知することはできないし、しないし、する必要がないのである。大雪はカマキリの卵を守ることがあっても害を及ぼすことはない。実際、雪国ではカマキリの卵包は雪に埋もれる割合が、埋もれないものよりはるかに高い。草に産んだ卵包は全て雪の下で冬を過ごす。木本植物に産卵する場合も灌木や、幼木に産卵する場合が多い。高い位置に産んだ卵は、冬期間に空腹を抱えたカラス等に食害されやすく、雪の直ぐ上の卵包は最も攻撃されやすい。カラスは雪の上を歩行しながら餌を探すからだ。結局、積雪の多い地域ではカマキリの卵包は雪に埋もれた方が、埋もれないものよりも越冬成功率がはるかに高くなる。

カマキリの卵包が雪に埋もれると、ふ化できなくなると思い込みスタートラインを間違えてしまったのだから、雪予想が正しいとするには、実際の卵包の高さを変える方法しかないだろう。それは、カマキリの卵の高さではなく最深積雪の平年値を使う方法である。現在は、1981年から2010年の30年間の平均値が平年値として使われている。2021年からは1991〜2020年の平均値が平年値として使われる。Sさんの雪予想がかなり当たっていたのは最深積雪の平年値や実測値を使ったためであると私は考えている。

最深積雪の多い所は毎年多く、少ない所は毎年少ない。平年値に従って雪の多い所は多く、少ない所は少なく予想すれば、大当たりはしなくても統計学的には予測値と実測値の間に、正の相関があることになる。また、同じ地域で積雪深に年度差があっても、県全体など広い範囲でみれば相関係数は独立変数である予測値（X）と従属変数である最深積雪（Y）との関係

で、Xの係数が 1.0 から幾分増減するも、相関は有意になるようになっているのが統計学の不思議なところである。

　Sさんは 2013 年の 10 月の「冬を占う」の発行を最後に、長年続けてこられた雪予想の発表を中止された。高齢になられたことと、後継者が得られなかったためと思われる。私の他にもカマキリの雪予想は間違いでウソであるとする説（古橋, 2012）が出され、またインターネット上に反論の書き込みが多くなってきたこと、さらにこれまでカマキリの雪予想は正しいと信じて伝え続けたメディア関係者のうち、上越タウンジャーナルや信濃毎日新聞などから、カマキリの雪予想は間違いではないかとの疑問や、問い合わせがSさん本人に来るようになり、「冬を占う」発行の中止につながったのかもしれない。

　世の中に間違いはたくさんある。しかし、21 世紀の現代において正式に博士の学位を取得し、日本一のエッセイと評価され、数々の受賞に輝き、NHK をはじめ民放のテレビや全国紙がカマキリの雪予想を「偉いぞカマキリ」「ズバリ」「的中」と報道し続け、気象予報士も信じて伝え、子供向けの図鑑や昆虫写真集にまで記載され、多くの国民がカマキリの積雪予知能力の高さに感動して受け入れ、全国津々浦々まで知れ渡った研究が、単なる「思い込み」によるもので、科学的根拠が皆無であった例は前代未聞だろう。残念ながら、メディアを通して広がった「カマキリの雪予想」は今後も当分消えることはないだろう。その一つの理由は、私達が自然から離れ、研究活動の多くを、コントロールされた実験室内で行い、自然のありのままを観察することを忘れて、フィールドワークを軽視したことにあると、私は感じる。野外でオオカマキリがどんな植物に、どんな高さに卵を産み、卵包が雪に埋もれるのか否か。雪に埋もれた卵が死亡するのか否かを調査していたら、誰でもカマキリの雪予想が間違いであることに気付いたはずである。

　ただし、Sさんは悪意がなく雪国の住民の役に立つために、雪予想の方法を一生懸命に考え、長期にわたり努力されたのだと思う。「冬を占う」

の発行もSさんのお客さんからの要望に応えて始めたものであり、また、多くの人々がSさんの研究を正しいと認め、数々の賞を授与したのだ。このように、社会が正しいと認め受け入れたのだから、カマキリの雪予想は正しいと本人が思っても不思議ではないだろう。ただ、残念ながら指導者に恵まれなかったことと、少しだけビッグマウスだったために、結果的に間違えてしまったのだと思う。実質的に積雪のない地域に住む研究者にはカマキリの雪予想の真偽を判定するのは難しいだろう。それができるのは雪国に住み、しかもカマキリの生活史に興味を持ち、オオカマキリの卵包がどこでどの高さに産み付けられたかを調査した研究者に限られる。Sさんは、雪の下の方は水分を含んで重く、比重は上部の2〜3倍にもなるので、カマキリの卵包が雪に埋もれると卵はふ化できなくなると考えたが、まさかその研究の出発点となるはずの検証をせずに主張するとは、周囲の研究者は夢にも考えなかっただろう。

　研究活動は忍耐の連続である。来る日も来る日も調査が続く。毎日発見があるわけではなく、単調なルーチンワークの連続である。私は2004年の退職を機にその年の秋からカマキリを飼い始め、2020年まで1日も欠かさず周年にわたり飼育を続けている。2011年3月11日の東日本大震災の時は停電になったが、飼育室に炭を燃やし、その量を調節することでほぼ通常の温度を維持し、照明は数本の懐中電灯で行った。カマキリを深く知るには、飼育してその昆虫をつぶさに観察することで、実態が見えてくる。私がカマキリを飼っているのではなく、カマキリに飼われているのが現状である。カマキリが食べたいだけの餌を常に与えている。そして、原則としてカマキリが自然死するまで飼育を続ける。自分では最良の条件下で飼育しているつもりでも、飼育容器のふたが開いていればカマキリは必ず逃げる。カマキリにとって一番大切なことは、餌の獲得が大変でも生息環境が悪化しても、自然の中でカマキリが生きたいように生きることだと思う。私の都合でカマキリの自由を束縛していることに申しわけないと思いつつ、カマキリに感謝して飼育させてもらっている。

　最後になるが、まだ私のカマキリ研究には、いくつか残された課題があると感じている。まず、カマキリの正式な交尾は♀成虫が夜に放出する性フェロモンに♂が反応して行われるが、種ごとの性フェロモンの同定が望まれる。また、第Ⅰ章でも触れたように、オオカマキリの♀が集まる集合フェロモンの存在の可能性は示唆されたが、同じくフェロモンの同定が必要である。

　カマキリ各種の移動・分散力は高くはないと思われるが、どの程度なのかも知りたい。また、カマキリの異種間における棲み分けがどの程度捕食を抑制し、同種間の野外における共食い率がどの程度なのかも明らかにすることが期待される。

　このようにカマキリに関する興味は尽きないのである。本書を手に取られた方の中にこれらのテーマに挑戦してみようという方がおられたら歓迎したい。

　科学研究で必要な条件は①正直であること。正直な人は研究に向くと思う。どんなことにも正直であることは意外に難しいものである。②謙遜であること。事実に基づいたことを話し、真実と推測とを区別して話し、また記述する必要がある。③熱心であること。探求心を持ち情熱的に研究を続け、決して諦めないこと。④自分の結論に批判が出たら、可能な限り再現実験を行い、謙虚に真実に向き合うこと。真実は単純で美しく、矛盾がない。

　ヒトは誰でも間違う可能性があり、周囲の人も間違いに気づかないこともあり得る。カマキリは雪予想しないことを証明した私の研究は、生物学としては当たり前すぎて、面白味がないかもしれない。Ｓさんの研究は生物学的観点から判断すれば、間違っていたと思うが、彼の研究があって、初めてカマキリは雪予想しないと言う私の研究の意味が出たし、このような本の出版を通してカマキリの生態の一部をご紹介する機会も生まれた。カマキリの雪予想に関わられた方々に深く感謝し、また採集・飼育で苦痛を与え続けたカマキリ達に心から感謝して筆を置きたい。

206

謝辞

　本書の出版は、遅れに遅れた。私の原稿が完了しないためである。北隆館の角谷裕通さんにはねばり強く待っていただいた。編集の専門家の立場から本書の構成につて、基礎編から応用編に展開するようにとの的確なアドバイスを頂いた。また、かつて私の研究室の学生だった田中誠二さんの献身的支援によって本書の出版が可能となった。まともにパソコン操作のできない私に代わって、出版社との交渉、文章の内容や表現に至るまで、全面的に支援していただいた。

　カマキリの採集に当たっては、青森県の鈴樹亨純さんと奈良岡弘治さん、沖縄県の杉本雅志さんと山岸正明さん、宮崎県の南九州大学の新谷喜紀先生にお世話になった。弘前大学の菅原亮平先生、廣田渓流さんには作図・作表のパソコン入力をしていただいた。長野県飯田市のイラストレーター北原志乃さんには、表紙の絵「カマキリの雪予想と戦う」を描いていただいた。また、私の兄弟や子供たちも、それぞれの居住地でカマキリの卵包を採集し発生情報を伝えてくれた。私が泊りがけで採集に出かけている間は、妻・安藤カツが飼育中のカマキリの日長を調節するために、暗箱への出し入れを担ってくれた。

　本書は私の研究と原稿製作を支えて下さった多くの支援者によって実現したものであり、お世話になった方々に心から感謝申し上げる。

2021 年 6 月

安藤喜一

索　引

　本書掲載の学術用語や生物名、人名などの重要語を以下に五十音順の索引とした。カマキリの和名などの頻出する用語は主要な箇所のみを抽出した。また、日本に生息するカマキリの和名には（　）でその学名を併記し、外国人名については〔　〕で欧文の綴りを示した。

〔著者略歴〕

安藤 喜一（あんどう　よしかず）

1939 年　山形県生まれ。
1961 年　岩手大学農学部卒。作物学から専攻科で昆虫学専攻に変更。
1962 年　農林省果樹試験業興津支場勤務。ミカンの害虫研究に従事。
1967 年　岩手大学大学院農学研究科修士課程修了。同大助手。
1970 年　弘前大学農学部助教授。
1992 年　弘前大学農学部教授。
2004 年　定年退職。
弘前大学名誉教授。農学博士（1977 年、北海道大学）。
　大学在任中はウリハムシモドキやバッタなどの生活史、季節適応、卵休眠などの生理・生態について研究。退任後は日本産カマキリの生態を解明すべく弘前市の自宅を拠点に飼育と調査・研究を続けている。

SCIENCE WATCH

カマキリに学ぶ

令和 3 年 8 月 10 日　初版発行
〈図版の転載を禁ず〉

著　者　安　藤　喜　一
発行者　福　田　久　子
発行所　株式会社　北隆館
〒153-0051　東京都目黒区上目黒3-17-8
　電話03（5720）1161　振替00140-3-750
　http://www.hokuryukan-ns.co.jp/
　e-mail : hk-ns2@hokuryukan-ns.co.jp
印刷所　大盛印刷株式会社

© 2021　HOKURYUKAN　Printed in Japan
ISBN978-4-8326-0784-2 C3345

当社は,その理由の如何に係わらず,本書掲載の記事(図版・写真等を含む)について,当社の許諾なしにコピー機による複写,他の印刷物への転載等,複写・転載に係わる一切の行為,並びに翻訳,デジタルデータ化等を行うことを禁じます。無断でこれらの行為を行いますと損害賠償の対象となります。
　また,本書のコピー,スキャン,デジタル化等の無断複製は著作権法上での例外を除き禁じられています。本書を代行業者等の第三者に依頼してスキャンやデジタル化することは,たとえ個人や家庭内での利用であっても一切認められておりません。

連絡先：㈱北隆館　著作・出版権管理室
Tel. 03(5720)1162

JCOPY 〈(社)出版者著作権管理機構　委託出版物〉
　本書の無断複写は著作権法上での例外を除き禁じられています。複写される場合は,そのつど事前に,（社）出版者著作権管理機構（電話：03-3513-6969,ＦＡＸ:03-3513-6979,e-mail：info@jcopy.or.jp）の許諾を得てください。